# ÉLÉMENTS
# D'ARBORICULTURE FRUITIÈRE

DESTINÉS

aux Instituteurs,
aux cours supérieurs et aux cours complémentaires des Écoles primaires,
aux Écoles normales, aux Écoles pratiques d'Agriculture, etc.

PAR

Louis HENRY

ANCIEN ÉLÈVE DE L'ÉCOLE NORMALE DE LA H^te^-MARNE
ET DE L'ÉCOLE NATIONALE D'HORTICULTURE DE VERSAILLES
CHEF DE CULTURE
AU MUSÉUM D'HISTOIRE NATURELLE DE PARIS.

Ouvrage ayant obtenu le 1er PRIX
au concours ouvert par le Cercle d'Arboriculture de Belgique
pour récompenser le meilleur Traité élémentaire d'arboriculture
destiné aux écoles primaires

AVEC 40 FIGURES DANS LE TEXTE



PARIS
G. MASSON, ÉDITEUR
120, Boulevard S^t Germain

GAND
AD. HOSTE, ÉDITEUR
6, Marché aux Grains

1887

ÉLEMENTS D'ARBORICULTURE FRUITIÈRE.

Gand, imp. C. Annoot-Braeckman, Ad. Hoste, succ<sup></sup>.

# AVANT-PROPOS.

En 1882, le Cercle d'Arboriculture de Belgique ouvrait un concours public en vue de récompenser le meilleur Traité élémentaire d'arboriculture destiné aux écoles primaires. « Vulgariser en termes corrects, simples et dégagés de toute prétention scientifique les notions acquises dans la culture des arbres fruitiers », telle était, suivant le programme, la principale condition à remplir par les ouvrages présentés.

Ce petit livre, favorablement apprécié par les juges de ce concours, n'est donc point écrit pour ceux qui déjà connaissent l'arboriculture, mais bien pour ceux qui veulent en acquérir les premiers éléments, et particulièrement pour les instituteurs et pour leurs élèves les plus avancés. Il s'adresse par suite aux élèves des écoles normales, et convient également à ceux des écoles pratiques d'agriculture.

La manière d'obtenir les arbres fruitiers, de les multiplier, de les planter, de les soigner, de les faire produire dans les meilleures conditions; des indications sur leurs ennemis et leurs maladies; le choix des variétés les plus recommandables : voilà ce qu'il importe surtout de connaître en arboriculture, et ce que j'ai cherché à présenter aussi clairement, aussi simplement que possible.

A la rigueur, ces notions indispensables auraient pu suffire. Mais, dans le jardin de l'école, l'espace est généralement très restreint, et le maître qui veut avoir des arbres doit les soumettre à de petites formes, c'est-à-dire les tailler. Du reste, ces arbres taillés ne sont point rares dans nos campagnes, et on les rencontre fréquemment dans les jardins de fermes. Et puis ne faut-il pas songer à l'utilisation des murailles trop généralement laissées nues alors qu'il serait si profitable de les garnir d'espaliers? Ce sont là autant de raisons qui m'ont décidé à aborder la taille des arbres fruitiers, malgré la difficulté d'exposer ce sujet dans un ouvrage élémentaire. Il ne s'agit point, on le comprend, d'un cours complet de taille; il s'agit simplement d'indications générales essentielles, de règles peu nombreuses mais précises, faciles à saisir, à retenir et à appliquer, même pour des élèves d'une douzaine d'années. Pour cela je me suis inspiré, en ce qui concerne le poirier et le pommier, du mode de traitement enseigné par M. Jules Courtois, de Chartres, sous le nom de *taille trigemme* et qui est accessible à quiconque sait distinguer un œil à bois d'un bouton à fruit, une branche de charpente d'une branche fruitière[1].

Je suis persuadé que cet exposé de la taille rendra de bons services aux élèves et aux maîtres, et que son application leur réussira. Or il faut réussir dans une chose pour y prendre goût,

---

(1) Je tiens à faire remarquer ici que je ne prétends pas que tout est pour le mieux dans le système de M. Courtois. Je sais qu'on lui reproche d'être trop absolu, de ne pas tenir assez compte des différences de végétation des diverses variétés. Mais autre chose est de s'adresser à des arboriculteurs consommés, et autre chose de mettre à la portée de tous le moyen de tailler d'une manière au moins convenable, sinon toujours irréprochable. Or il me paraît incontestable que pour des débutants, pour des personnes qui n'ont ni le temps, ni la prétention d'apprendre à tailler toujours très bien, il me paraît incontestable, dis-je, que la taille trigemme est ce qu'il y a de plus facile à comprendre et à retenir, de plus commode à pratiquer, et en même temps de meilleur pour la production. Quiconque l'applique avec intelligence est assuré de faire bien pour la plupart des arbres, et au moins passablement pour les autres. N'est-ce pas là déjà un beau résultat, et peut-on demander beaucoup plus de nos instituteurs qui, à très peu d'exceptions près, ne sauraient jamais devenir de parfaits arboriculteurs; des habitants de nos villages qui n'ont généralement pas beaucoup de temps à consacrer à leur jardin, et qu'il importe de ne pas rebuter par des subtilités?

et le but est précisément de répandre le goût des cultures fruitières.

Inutile de redire ici combien ce résultat est désirable, combien chacun y trouverait d'avantages au point de vue de l'amélioration du régime alimentaire, de l'augmentation des ressources, de l'influence heureuse sur les habitudes, etc. Tout cela a été dit bien souvent; ce sont du reste des choses si bien comprises que la loi du 16 juin 1879 a introduit, en France, l'enseignement de l'arboriculture dans le programme des écoles primaires. En aidant les maîtres dans leur tâche, puisse ce modeste traité contribuer à faire aimer cette culture des arbres qui ne demande qu'un peu de soin et de bonne volonté, et procure en retour de si saines distractions, de si réels agréments, des avantages aussi appréciables !

Les figures contenues dans cet ouvrage sont tirées, les unes de *l'Art de greffer* de M. Ch. Baltet, les autres du *Traité d'arboriculture* de M. Fr. Burvenich. Ces Messieurs, ainsi que leurs éditeurs, MM. Masson et Hoste, ont bien voulu mettre gracieusement ces gravures à ma disposition. Je leur en exprime toute ma gratitude.

L. H.

# ÉLÉMENTS
# D'ARBORICULTURE FRUITIÈRE.

## INTRODUCTION.

### I. Utilité des fruits. — L'Arboriculture fruitière.

Les arbres fruitiers comptent parmi nos végétaux les plus utiles. Sans être aussi indispensables que le blé ou la pomme de terre dans nos contrées, le riz ou le maïs sous des climats plus chauds, leurs produits n'en ont pas moins une grande importance. Pour ne vous parler que de ceux de notre pays, je vous rappellerai que le raisin nous donne le vin et l'eau-de-vie; la pomme et la poire nous fournissent le cidre et le poiré; de la cerise et de la prune, nous obtenons, par distillation, d'excellent alcool. Ajoutons que de la noix on tire une huile estimée, et que le bois des plus grandes espèces est recherché en ébénisterie.

Les fruits tiennent, en outre, une large place dans notre alimentation : nous les consommons à l'état naturel quand ils sont mûrs, et quelquefois lorsqu'ils sont encore verts; nous les séchons pour en faciliter la conservation; nous les soumettons à la cuisson pour en faire des compotes, des tartes, des confitures de toute sorte; nous en faisons, en un mot, l'objet des préparations les plus variées. Si nous considérons encore que les fruits constituent un aliment peu coûteux, sain, agréable, qui plaît à tous les âges et à tous les goûts, nous ne manquerons pas de nous intéresser aux arbres, qui ne demandent, pour nous enrichir de leurs dons, qu'un coin de terre, une petite place au soleil, et quelques soins qui sont plutôt un délassement qu'une fatigue.

C'est de ces utiles végétaux, c'est de la culture des arbres fruitiers que je veux vous entretenir. Vous prendrez goût, je n'en doute pas, à cette branche si attrayante de l'agriculture. Tous vous aimez les fruits ; tous vous voudrez apprendre à les obtenir bons, beaux et abondants; vous voudrez connaître l'arboriculture au moins dans ses éléments, dans ce qu'elle a de plus intéressant pour vous.

L'Arboriculture est, comme l'indique ce mot, la culture des arbres.

On distingue : l'*arboriculture fruitière*, l'*arboriculture forestière* ou *sylviculture*, et l'*arboriculture d'ornement*.

Celle-ci s'occupe des arbres au point de vue de l'agrément qu'ils peuvent nous procurer par l'aspect ou l'ombrage : nos jardins publics, nos places, nos squares, nos parcs sont plantés d'arbres d'ornement, c'est-à-dire remarquables par la beauté du feuillage ou de la fleur, l'élégance du port, etc.

La sylviculture a en vue les arbres de nos forêts, qui sont la richesse des contrées montagneuses.

L'arboriculture fruitière, qui a pour objet la production des fruits comestibles, est évidemment celle qui nous intéresse le plus : c'est d'elle que nous nous occuperons.

Remarquons en passant que les arbres fruitiers ne manquent pas de valeur ornementale, et qu'en bien des cas, ils pourraient figurer avec honneur dans nos jardins d'agrément. Un beau pommier avec sa fraîche parure de fleurs carminées au printemps, ses fruits pourprés ou dorés à l'automne, ne vaudrait-il pas un frêne ou un robinier? Un poirier pyramidal ou un robuste cerisier ne seraient pas non plus déplacés dans une pelouse un peu écartée ou au milieu d'un massif d'arbustes.

Plusieurs espèces fruitières croissent à l'état sauvage dans nos forêts. C'est le cas du pommier, du poirier, du merisier, du néflier, de l'alisier, du sorbier, du noisetier, du framboisier, du groseillier. Ces fruits des bois, sont évidemment moins beaux et moins bons que ceux des jardins; quelquefois même ils ne sont pas comestibles. Les arbres qui les fournissent n'en sont pas moins les ancêtres de nos arbres fruitiers. Et c'est ici le lieu de remarquer à quel point une culture intelligente, des soins bien entendus peuvent transformer une plante. L'agriculture a produit un nombre considérable de ces transformations, et l'on peut dire que parmi les végétaux qui fournissent à nos besoins ou contribuent à nos plaisirs, il en est bien peu qui n'aient été ainsi améliorés. Les arbres fruitiers n'en sont pas les exemples les moins intéressants. Quelle différence en effet entre la poire sauvage, âcre et acerbe, grosse au plus comme une prune de *Reine Claude* et un de nos beaux fruits de *Beurré d'Hardenpont*, de *Beurré Diel*, de *Doyenné d'hiver*, etc., si parfumés, si exquis et parfois si volumineux! Combien n'a-t-il pas fallu de générations d'hommes, d'améliorations successives, de recherches, de labeurs patients pour arriver à travers les âges, à un pareil changement! Ainsi chaque siècle profite du travail du siècle passé, et à son tour travaille pour le siècle à venir. Ainsi s'accomplissent les progrès de la civilisation et s'obtiennent, dans toutes les branches de l'activité humaine, les merveilleux résultats dont nous sommes à la fois les bénéficiaires et les artisans.

### II. Ce qu'on entend par arbre et arbuste fruitier. — Les fruits. — Espèces fruitières cultivées.

Les *arbres fruitiers* peuvent se définir : des *végétaux de grandes dimensions à tige ligneuse se ramifiant à une certaine hauteur et cultivés pour leurs fruits*. Ces arbres qui peuvent s'élever jusqu'à 15 et 20 mètres, ne sont pas les seuls dont s'occupe l'arboriculture ; elle traite aussi des *arbrisseaux* et *arbustes*, autres végétaux ligneux, se ramifiant dès la base, ne dépassant guère 2 à 3 mètres de hauteur et restant bien souvent au-dessous de cette limite.

Les espèces fruitières répandues à la surface du globe sont extrêmement nombreuses et variées. Nous avons notre large part à ces dons de la nature, et l'habileté de nos horticulteurs a su faire cette part meilleure encore. La *poire*, la *pomme*, la *cerise*, la *prune*, la *noix* sont les fruits de notre pays. Nous avons aussi la *groseille*, la *framboise*, la *noisette*, la *nèfle* et le *coing*. Enfin nous savons encore obtenir le *raisin*, la *pêche*, l'*abricot*, etc. Et puis, que de variétés dans chacune de ces espèces ! Il en est pour tous les sols, pour toutes les expositions, pour toutes les saisons, pour tous les goûts. Que de richesses, et quel motif d'attachement pour notre vieille terre natale dont l'inépuisable générosité ne se fatigue jamais ! Mais aussi quel sujet d'admiration pour l'intelligence et l'industrie de l'homme, qui sait tirer si bon parti de tous ces produits, et les utiliser de telle sorte qu'il ne manque de fruits à aucune époque de l'année !

Vous le voyez, même en nous restreignant aux seules espèces que l'on cultive dans notre pays, nous aurons encore un champ d'études assez vaste. Je vous entretiendrai de chacune de ces espèces en particulier; mais auparavant, il ne sera pas sans intérêt de voir comment naissent, vivent et croissent les arbres. Nous nous occuperons ensuite des moyens de les obtenir, de les propager, et aussi de la manière de les planter et de les soigner.

---

# PREMIÈRE PARTIE.
## NOTIONS GÉNÉRALES.

### I.

### Quelques mots sur les diverses parties des arbres et la manière dont ils vivent.

L'arbre naît d'une graine placée dans des conditions convenables, qui lui permettent de germer.

Une graine qui germe montre d'abord un corps blanc, conique,

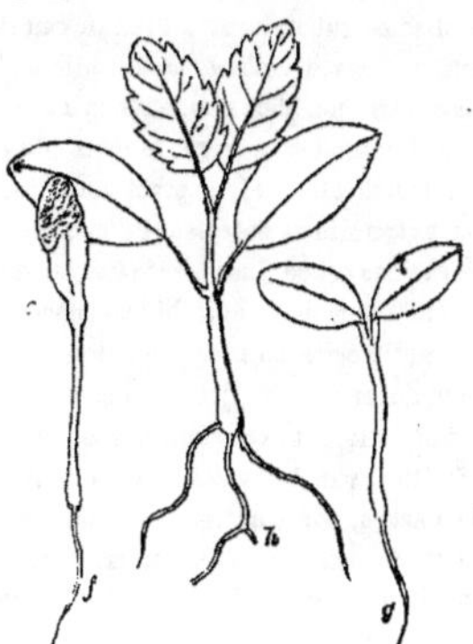


Fig. 1. — Radicule, tigelle, etc.

qui, toujours se dirigeant de haut en bas, s'enfonce dans le sol : c'est la *radicule* ou *racine* primitive (*g* et *f*, fig. 1). Peu de temps après, la graine, achevant de briser son enveloppe, s'ouvre en deux valves qui restent quelquefois dans le sol ou bientôt apparaissent et verdissent à la lumière, premières feuilles dites *cotylédons* ou *feuilles séminales*, bien informes encore, mais qui contribuent à nourrir la jeune plante en attendant que les racines et les feuilles véritables suffisent à leurs fonctions.

Entre les cotylédons apparaît, très petit dans l'origine, mais grandissant peu à peu, un nouveau corps qui s'élève de bas en haut aussi sûrement et aussi invariablement que la radicule se dirige de haut en bas : j'ai nommé la *tigelle*, commencement de la *tige*, surmontée d'un petit bourgeon, dit *gemmule*.

La radicule primitive ou *pivot* s'allonge sans cesse par son extrémité; elle ne tarde pas à se couvrir de racines plus petites qui, à leur tour, en grossissant, donnent naissance à d'autres racines, lesquelles se subdivisent à l'infini. Sur les racines, et principalement sur les dernières ramifications, se montrent, en quantité considérable, des filaments minces et grêles dits *radicelles*, dont l'ensemble a reçu le nom de *chevelu*. Après s'être plus ou moins allongé, le pivot finit par se bifurquer (*h*, fig. 1), son extrémité se détruisant d'elle-même.

Le rôle des racines est de fixer le végétal au sol, et d'y puiser une partie de la nourriture qui lui est nécessaire. C'est le chevelu qui remplit cette dernière fonction, car c'est par les radicelles que la nourriture, toujours à l'état liquide, est puisée dans le sol, d'où elle est transmise, sous le nom de sève, d'abord aux feuilles, par les vaisseaux du bois, puis à toutes les parties de l'arbre, par d'autres vaisseaux plus extérieurs. On donne le nom de *vaisseaux* à des canaux ou tubes extrêmement fins dans lesquels passent les liquides des végétaux.

Entre la racine qui s'enfonce dans le sol, et la tige, qui s'élève dans l'air, on trouve le *collet*, point intermédiaire, qu'en arboriculture on est convenu de placer immédiatement au-dessus des premières racines prenant naissance sur le corps même de l'arbre. Ce point est susceptible de se déplacer très facilement, puisque si l'on amoncelle de la terre autour du tronc de certains arbres, les saules par exemple, surtout quand ils sont jeunes, la partie enterrée ne tarde pas à se couvrir de racines. La tige peut donc elle-même donner des racines; celles-ci sont dites *adventives*. La production des racines adventives est, comme nous le verrons, le principe sur lequel reposent le bouturage et le marcottage, deux opérations fort importantes en arboriculture.

La *tige*, cette partie de la plante que nous avons vue s'élever de notre graine en germination, et grandir de bas en haut, ne diffère pas seulement de la racine par ce caractère : elle s'allonge dans tous ses points à la fois, et se couvre de feuilles, deux particularités qui ne se produisent pas sur la racine, dont la surface ne porte jamais de feuilles, et dont l'allongement ne se fait jamais que par l'extrémité.

A une certaine hauteur, variable suivant les espèces et les circonstances, la tige se ramifie en *branches*, qui se divisant et se subdivisant à leur tour, donnent les *rameaux*, résultat de la dernière pousse.

La tige comprend une masse cylindrique intérieure dite *bois*, plus ou moins dure et résistante, et un revêtement extérieur appelé *écorce*. Celle-ci se compose, non d'une seule pièce, mais de quatre enveloppes concentriques, dont les deux plus intéressantes pour nous sont : l'*épiderme*, partie la plus extérieure, et le *liber*, partie intérieure qui touche au bois.

On distingue le bois proprement dit et l'*aubier*, ou bois en voie de formation. Entre le liber et l'aubier, se trouve ce que les botanistes appellent la *couche génératrice*, à partir de laquelle l'épaisseur de l'écorce et celle du bois augmentent chaque année. Toutefois, l'accroissement de l'écorce a lieu beaucoup plus lentement que celui du bois; de plus, à mesure que l'arbre vieillit, des plaques s'en détachent à l'extérieur, ce qui fait que l'écorce garde toujours une faible épaisseur.

Au centre de la tige se trouve la *moëlle*, abondante chez les jeunes sujets, mais qui ne tarde pas à diminuer de volume, et même à disparaître complètement dans les gros arbres. De la moëlle partent des rayons dits *médullaires*, disséminés dans la masse du bois.

Les rameaux portent les *feuilles*, ces lames vertes que vous connaissez tous. Chacune d'elles est supportée par le *pédoncule*, pourvu quelquefois à sa base, comme dans le rosier, d'appendices appelés *stipules*. Les feuilles peuvent varier beaucoup quant à leur grandeur, leur forme, leur mode d'insertion et de distribution sur les rameaux, etc. Elles jouent un rôle fort important dans la vie de la plante; elles sont pour celle-ci ce que les poumons sont pour l'animal : elles servent à la respiration au moyen d'ouvertures spéciales que l'on a nommées *stomates*. C'est dans leurs tissus que la sève puisée par les racines acquiert les propriétés qui la rendent apte à nourrir et à faire croître le végétal. Des feuilles, la sève ainsi élaborée se répand dans toutes les parties de l'arbre; elle marche alors surtout dans la couche génératrice, c'est à dire entre le liber et l'aubier. Elle y dépose les matériaux dont elle est chargée, et alors se produit le phénomène que je vous ai signalé : un nouveau feuillet se forme à l'intérieur du liber; en même temps un autre s'étend à l'extérieur de l'aubier, tandis que la plus ancienne et la plus profonde des couches de celui-ci se durcit et augmente d'autant la quantité du bois.

Les feuilles se renouvellent chaque année, ainsi que vous le savez, sur les végétaux dits à *feuillage caduc*, comme nos arbres fruitiers; elles tombent de même au bout d'un certain temps sur les espèces à *feuillage persistant*, houx, pins, sapins, etc.; mais ici elles ne se détachent jamais toutes ensemble; et puis il en pousse d'autres au fur et à mesure de leur chute; tandis que là, elles ne sont remplacées qu'une fois par an, au printemps. C'est à cette époque que la sève, à peu près engourdie pendant l'hiver, reprend sa marche avec une nouvelle force; elle diminue d'abondance pendant les grandes chaleurs de l'été, et se ranime en août, surtout quand, à la sécheresse, succède un temps doux et pluvieux; elle se repose de nouveau à la chute des feuilles.

A l'aisselle de chaque feuille, c'est-à-dire immédiatement au-dessus de son point d'insertion sur le rameau, se voit un petit corps plus ou moins arrondi ou allongé : c'est l'*œil*, qui, en se développant, donne le *bourgeon*, pousse tendre et verte; celle-ci se durcit et devient *rameau*, puis *branche* après une année de végétation.

Tous les yeux ne produisent pas des bourgeons; il en est qui fournissent des *fleurs*. Celles de nos arbres fruitiers les plus communs, poiriers, pommiers, pruniers, etc., se composent de deux enveloppes destinées à protéger deux autres parties plus importantes, qui donnent le *fruit*.

De ces deux enveloppes, l'une, la plus extérieure, est généralement verte, et s'appelle *calice;* la seconde, colorée de diverses façons, souvent parée des nuances les plus agréables, est dite *corolle*. A l'intérieur de celle-ci, on distingue des *filets*, supportant des sortes de petits sacs jaunâtres ou *anthères*, qui contiennent une poussière jaune très fine, le *pollen :* ce sont les *étamines*. Enfin, tout à fait au milieu, se trouve le *pistil*, dont la partie inférieure, nommée *ovaire*, ne tarde pas à grossir pour devenir le *fruit*, qui contient une ou plusieurs *graines*. Ces graines sont entourées de plusieurs enveloppes. Tantôt, comme il arrive pour le poirier et le pommier, ces enveloppes sont peu résistantes; tantôt l'une d'elles se durcit en *noyau*, comme dans la prune, la pêche, la cerise, ou en *osselet*, comme dans l'aubépine, la nèfle, etc. Dans le premier cas, les fruits sont dits à *pepins;* dans le second, ils sont dits à *noyaux* ou à *osselets*.

Nous venons de voir comment les plantes se reproduisent par *semis* de graines : premier mode de multiplication. Nous avons constaté que, dans certaines conditions, elles peuvent produire des racines adventives, circonstance mise à profit par les horticulteurs pour le *marcottage* et le *bouturage* : deuxième et troisième modes de multiplication. Un fait plus curieux encore nous fournira un quatrième mode, le *greffage*. La propagation des végétaux étant l'une des parties les plus utiles et les plus intéressantes de l'arboriculture, nous étudierons avec quelques détails chacun de ces modes de multiplication.

## II.

### MULTIPLICATION DES ARBRES FRUITIERS.

#### 1° Semis.

Le semis est le mode de reproduction le plus naturel, celui par lequel les végétaux se propagent d'eux-mêmes sans l'intervention de l'homme. En général les plantes provenant de semis sont plus robustes et vivent plus longtemps que celles obtenues par des procédés différents. Aussi a-t-on recours à ce moyen pour régénérer certaines espèces auxquelles une longue culture et des procédés de multiplication moins naturels ont fait perdre une partie de leur vigueur et de leur rusticité natives. Appliqué aux arbres fruitiers, le semis a l'inconvénient de ne donner de résultats qu'au bout d'un temps généralement très long. De plus il ne reproduit presque jamais exactement l'arbre dont provient le fruit semé. Des pepins de poires, de pommes, de raisins, des noyaux de cerises, de prunes, d'abricots, de pêches vous donneront sans nul doute des poiriers, des pommiers, des cerisiers, etc. Mais ce sera tout; et si vous avez semé la graine d'un excellent fruit, d'une poire *Passe-Colmar* ou d'une pomme de *Calville*, vous n'obtiendrez pas pour cela des *Passe-Colmar* ou des *Calvilles*; vous aurez des arbres dont les fruits, pour deux sujets quelconques, ne seront jamais identiques entre eux; ils ne se ressembleront pas plus qu'ils ne ressembleront à leurs parents. Vous pourrez avoir des fruits aussi bons, peut-être meilleurs que ceux dont proviennent vos graines; mais vous en aurez aussi d'une valeur beaucoup moindre, et ceux-ci seront toujours en proportion infiniment plus forte. Les gains vraiment méritants sont très rares, et c'est à peine si, dans des centaines de sujets de semis, il s'en trouve un de quelque valeur. Le *Prunier de Damas*, la *Reine Claude*, la *Quetsche* et certaines races de Pêchers se reproduisent, il est vrai, à peu près franchement par le semis ; mais sauf ces exceptions peu nombreuses en somme, il faut recourir à d'autres procédés pour multiplier les variétés dont on veut conserver toutes les qualités.

Vous avez compris que le semis donne des variétés nouvelles. C'est en effet l'un des avantages de ce mode de multiplication, et nos arboriculteurs en ont tiré le meilleur parti.

On ne sème pas seulement dans le but d'obtenir des variétés, mais encore et surtout pour avoir des sujets propres à être greffés. Ceux-ci, dits *sauvageons* ou plus souvent *francs* ou *aigrains*, ont pour caractère d'être généralement très vigoureux ; aussi les emploie-t-on pour former des arbres à haute tige, ou encore des arbres soumis à la taille, mais plantés dans des terrains pauvres, ou greffés avec des variétés de faible végétation.

Les semis d'espèces fruitières se font à deux époques de l'année, au printemps, c'est-à-dire de mars à fin mai, et à l'automne, c'est-à-dire en septembre ou octobre, pour avoir la levée après l'hiver. La première époque est généralement préférée, parce que les graines, pepins ou noyaux, semées avant l'hiver, sont exposées à être détruites par les insectes, par les rongeurs ou à pourrir par l'effet des pluies, des neiges, de la gelée et du dégel. La pourriture est surtout à redouter dans les terres fortes et humides.

Il faut semer en terre légère, bien ameublie. Le labour a dû être fait quelque temps à l'avance, afin que le sol ait pu s'affermir. On fume avec un engrais bien décomposé, le fumier long et pailleux tenant la terre soulevée.

Les graines de faible volume telles que pepins de poirier, de pommier, noyaux de merisier, de cerisier de Sainte-Lucie, osselets d'aubépine, de néflier, etc., se sèment en planches larges de 1m25 environ, et en rayons distants de 20 à 25 centimètres, profonds de 3 à 5 centimètres. N'oublions pas que les semences doivent être d'autant moins enterrées qu'elles sont plus fines. Un centimètre est suffisant pour un pepin de raisin ; c'est assez de 1/2 cm. ou même moins pour les graines de groseillier, de framboisier, etc. On recouvre de terre fine et bien propre; du terreau conviendrait encore mieux. On se trouvera bien de répandre sur le tout un paillis de fumier sec et émietté, sur une épaisseur d'environ 1 centimètre. Le paillis a pour effet de maintenir la terre fraîche et d'en empêcher le tassement par les arrosages, que l'on est presque toujours obligé de donner au début. Le terrain doit être constamment tenu en bon état de propreté.

Lorsque les jeunes sujets ont atteint une longueur de 12 à 25 ou 30 cm., plus ou moins suivant les circonstances, on les déplante pour les repiquer en pépinière à 70 ou 65 cm. d'intervalle en tout sens, en ayant soin de supprimer l'extrémité du pivot, afin d'en provoquer la ramification.

Pour le prunier, l'amandier, le pêcher, le noyer et autres espèces à graine plus volumineuse, on sème directement à la place où les jeunes sujets seront greffés.

Afin de favoriser la levée de certaines graines, dont l'enveloppe dure et osseuse se laisse difficilement traverser par le germe, il est bon, avant de les confier à la terre, de leur faire subir une préparation spéciale, la *stratification*, à laquelle on soumet aussi fréquemment les pepins. Les noyaux se mettent stratifier en novembre, les pepins en janvier. Pour cela, on les dépose dans une petite caisse en bois ou un pot à fleur, en les disposant par lits successifs, alternant avec des lits de sable ou de terre fine. Ainsi, au fond du récipient, on étend une couche de sable de 2 ou 3 cm.; par-dessus, on place un lit de graines, que l'on recouvre de 3 à 5 ou 6 cm. de sable, de manière à les isoler complètement d'un deuxième lit de graines, et ainsi de suite, en terminant par une couche de sable. Le tout est enterré au pied d'un mur au midi, et recouvert d'une petite butte de fumier. On peut également déposer ces graines dans une cave; en tous cas il faut en empêcher l'accès aux rongeurs. Si le local est trop sec, et que vers le milieu ou la fin de janvier la terre se trouve desséchée, on la mouille légèrement. Les semences commencent généralement à germer en février. On les plante dès que la terre est suffisamment réchauffée, en ayant soin, pour les graines que l'on dépose une à une, de couper avec une lame bien tranchante l'extrémité de la radicule. Il ne faut pas que les germes des pepins soient trop allongés; il vaut mieux qu'ils commencent seulement à se montrer; autrement, on est obligé de les planter un à un, et souvent la tigelle s'affaisse et se coude.

Lorsqu'on veut semer, il faut apporter le plus grand soin au choix de la graine. On prend celle qui provient des sujets les plus vigoureux et des plus beaux fruits. Ceux-ci doivent arriver à complète maturité. Ne jamais employer d'ailleurs que des graines nouvelles, et, pour les conserver en bon état en attendant la stratification ou le semis, les mettre en sachets de toile suspendus en un endroit sec, aéré, et dont la température ne descende pas au-dessous de zéro. Les baies pulpeuses, groseilles, framboises, etc., sont broyées dans l'eau à complète maturité; leurs graines se séparent de la pulpe à la suite de malaxages répétés et de décantations successives.

Je vous ai dit que les jeunes arbres de semis mettent généralement de longues années avant de donner leurs premiers fruits, qu'il faut attendre cinq, six, huit et même dix ou douze ans. Un Français, M. Tourasse, de Pau, a imaginé un procédé qui permet d'obtenir le fruit au bout de trois ans, et même de deux ans. Ce procédé est basé sur des transplantions successives, avec suppression de l'extrémité des radicelles à chaque repiquage.

## 2° Marcottage.

Il vous est probablement arrivé de voir, le long des ruisseaux, un rameau flexible de saule, donner des racines sur une certaine partie de sa longueur, recouverte de limon ou de débris déposés par les eaux. Si ce rameau vient à être séparé de la touffe ou de la tige qui lui a donné naissance, il continuera certainement à vivre, à la condition, bien entendu, de rester enterré, et, à son tour, il deviendra un saule. Ce phénomène naturel reçoit des applications journalières en horticulture et il est devenu un des modes de multiplication les plus usités : c'est le *marcottage*.

Marcotter une plante, c'est donc déterminer la production de racines sur un ou plusieurs de ses rameaux, pour ensuite séparer ceux-ci du pied-mère, de manière à en faire autant de nouvelles plantes.

Nous avons vu que l'on appelle *adventives* les racines qui se développent ainsi sur les parties aériennes d'un végétal.

Toutes les plantes ne se marcottent pas avec la même facilité; il en est pour lesquelles il faut recourir à des moyens spéciaux; quelques-unes même paraissent rebelles à la production de racines adventives.

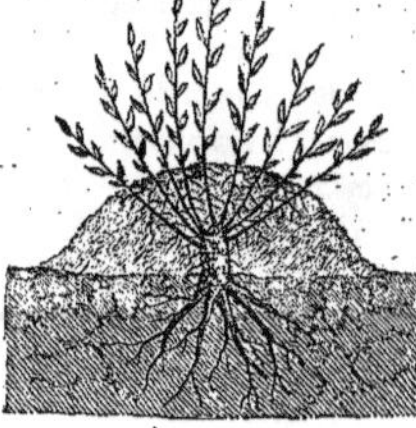
Fig. 2. — Marcottage en butte ou cépée.

On procède différemment suivant les cas. Le *coignassier*, le *pommier paradis*, le *pommier doucin*, le *prunier*, le *noisetier*, etc., se marcottent par *cépées* ou en *buttes*. Pour cela, on coupe en mars-avril le sujet à quelques centimètres du sol; de nombreuses pousses se développent; en juillet on rassemble la terre à l'entour, de manière à former une butte dans laquelle se trouve enterrée et s'enracine la base des rameaux (fig. 2).

A l'automne ou après l'hiver, on détourne la terre et l'on détache les pousses enracinées, en leur conservant autant que possible un petit talon de vieux bois.

Pour la vigne, on s'y prend autrement. Le sarment choisi

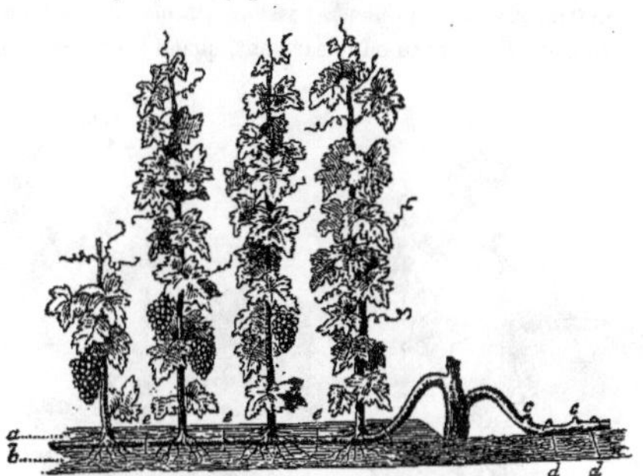

Fig. 3. — Marcotte multiple.

est couché horizontalement dans une rigole profonde de 15 à 20 cm., et fixé dans cette position par quelques crochets, ou simplement par des mottes de terre; on relève l'extrémité du sarment ainsi couché, et l'on recouvre de terre bien meuble la partie horizontale. Il ne reste plus qu'à attendre l'enracinement de celle-ci. Alors on *sèvre*, c'est-à-dire qu'on sépare la marcotte du pied mère. Le même cep peut naturellement fournir plusieurs marcottes. Ce procédé, dit *provignage*, quand il est appliqué à la vigne, est employé pour beaucoup d'arbustes et de plantes d'ornement : clématite, glycine, jasmin, etc.

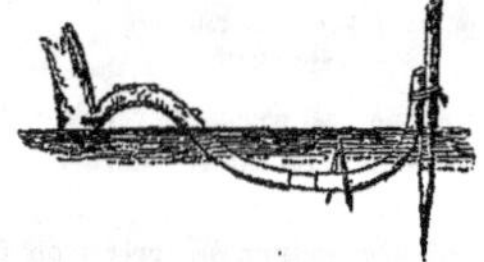

Fig. 4. — Marcotte avec anneau écorcé.

Le marcottage est quelquefois modifié de la manière suivante : le sarment couché passe dans un panier grossièrement tressé, que l'on remplit ensuite de terre. De la sorte, la marcotte peut être enlevée et transplantée sans dérangement pour les racines, ce qui donne une reprise plus assurée et plus prompte.

Lorsqu'il s'agit de variétés rares dont on veut obtenir promptement le plus de plants possible, on modifie quelque peu le couchage. Le rameau ou le sarment, quand il est très long et

Fig. 5. — Marcotte en l'air entourée de mousse.

Fig. 6. — Marcotte avec incision.

flexible, est couché et relevé à diverses reprises, de manière à présenter un œil sur chaque coude : c'est le marcottage en *serpenteau*.

Quelquefois aussi, après avoir fixé horizontalement le rameau dans une rigole, on attend, pour le recouvrir de terre, que les bourgeons se soient développés. Chacun d'eux fournit ainsi un sujet que l'on sépare quand il est enraciné. C'est le marcottage *par couchage continu* ou *multiple* (fig. 3).

Pour faciliter l'émission des racines adventives, on a souvent recours à divers artifices : on tord le rameau dans sa partie enterrée; ou bien on enlève l'écorce jusqu'à l'aubier, soit par bandes longitudinales et de place en place, soit circulairement sous forme d'anneau, (fig. 4); ou encore on l'entoure d'un fil de fer au-dessous d'un œil. Plus souvent on incise le rameau, tantôt par une fente transversale, tantôt par une entaille longitudinale soulevant une esquille que l'on maintient écartée au moyen d'un petit morceau de bois ou d'un petit caillou (fig. 6).

Quand on a affaire à des sujets dont on ne peut courber les branches jusqu'à terre, on les marcotte en l'air. Pour cela, on fait passer le rameau à travers un pot ou un cornet de plomb remplis de terre, ou on les enveloppe de mousse maintenue constamment humide (fig. 5).

Certaines espèces, telles que le prunier, le cerisier de Montmorency, le framboisier, etc., donnent, sur leurs racines, des pousses dites *drageons*, quelquefois fort éloignées du pied-mère. On en fait autant de sujets en les arrachant pour les replanter. Il est à remarquer que les arbres ainsi obtenus par drageonnage ont une grande tendance à drageonner à leur tour.

### 3° Bouturage.

Comme le marcottage, le *bouturage* a pour but l'émission de racines adventives sur une partie du végétal destinée à devenir à son tour un sujet complet. Mais cette production de racines n'a lieu, à l'inverse du marcottage, qu'après la séparation d'avec le pied-mère.

Les espèces fruitières que l'on soumet au bouturage sont : la vigne, le groseillier, le framboisier, le coignassier et le myrobolan. Pour ces trois derniers, on se contente de prendre un rameau de l'année précédente, de le couper à une longueur de $0^m25$, puis de le ficher en terre bien ameublie, de le serrer fortement dans le sol, et de le maintenir dans un état de fraîcheur convenable. On procède de même pour le saule, le peuplier, etc., en prenant des branches plus ou moins longues. La coupe de la partie enterrée se fait sous un œil (fig. 7). En général, il n'y a pas

Fig. 7. — Bouture simple. Fig. 8. — Bouture avec talon. Fig. 9. — Bouture avec crossette.

intérêt à faire les boutures longues; presque toujours les courtes reprennent mieux et donnent de plus beaux plants.

Pour les boutures de vigne, la réussite est plus certaine lorsqu'on ménage la base du rameau ou talon (fig. 8). Quand on le peut, il faut toujours conserver à la bouture de vigne un peu de vieux bois (fig. 9), c'est la *crossette*. On fait les boutures de vigne de telle sorte qu'elles portent quatre yeux bien constitués : deux de ces yeux sont enterrés; le troisième est à ras du sol, et le quatrième est totalement à découvert.

Avant de mettre cette bouture en terre, il est bon de la laisser une quinzaine de jours dans l'eau courante. Il est mieux encore de l'écorcer sur la partie enterrée. On peut ôter toute l'écorce ou se contenter de l'enlever simplement sur deux bandes parallèles dans l'intervalle de la ligne des yeux. Il ne faut pas attaquer l'aubier, mais retirer seulement l'enveloppe extérieure, dure et coriace, qui empêche la sortie des racines adventives.

Le décorticage appliqué à la vigne donne les meilleurs résultats. Il assure la reprise et facilite l'émission des racines, de telle sorte que, toutes autres conditions semblables d'ailleurs, les boutures écorcées poussent, pendant la première année, le double des boutures non écorcées. L'enlèvement de l'épiderme est beaucoup facilité par le séjour du sarment dans l'eau.

La vigne peut encore se bouturer avec un œil unique. C'est ce qu'on appelle la *bouture anglaise*, réduite à un seul bourgeon de chaque côté duquel on laisse environ un centimètre de bois taillé en biseau en dessous. La partie inférieure est décortiquée. Cette bouture est posée à plat et enfoncée jusqu'à l'œil dans du terreau mêlé de sable fin. Généralement on la met en pot, et sur une couche chaude ou dans une serre. Ce procédé n'est guère employé que par les horticulteurs de profession, qui en tirent un excellent parti ; il a l'inconvénient de nécessiter des soins et un outillage particuliers.

On bouture à deux époques principales : à l'automne, et surtout au commencement du printemps. Moyennant des précautions spéciales, les horticulteurs bouturent pendant toute l'année, et alors que nous ne nous servons, dans nos cultures fruitières, que de rameaux dépourvus de feuilles, ils emploient bien souvent des rameaux feuillés ; pour certaines espèces, ils bouturent même de simples feuilles et des tronçons de racines. Ils ont d'ailleurs recours, pour favoriser la sortie des racines adventives, à tous les moyens signalés pour les marcottes : décortication, incision, torsion, strangulation, etc.

### 4° Greffage.

Le *greffage* a pour objet de souder un fragment de végétal à un autre végétal qui lui fournira sa nourriture. Celui-ci est appelé *sujet;* il doit être sain et enraciné; celui-là s'appelle *greffon*. L'opérateur est dit *greffeur*, et le travail achevé constitue la *greffe*.

Pour que la greffe réussisse, c'est-à-dire pour que le greffon se soude au sujet, qu'il vive, se développe et fructifie, il faut que l'un et l'autre soient de même espèce ou d'espèces très voisines de la même famille, encore cette condition ne suffit-elle pas toujours. Le poirier se greffe sur poirier et sur coignassier, le prunier sur prunier, le cerisier sur merisier et sur $S^{te}$ Lucie; mais le poirier ne réussirait pas sur le prunier ou le pommier, pas plus que le prunier sur cerisier; à plus forte raison ne réussirait-il pas sur le chêne, le frêne ou le marronnier, avec lesquels il n'a aucun lien de famille. On observe du reste des bizarreries nombreuses dans la réussite des greffages. En ce qui

Fig. 10. — Serpette. Fig. 11. — Greffoir. Fig. 12. — Scie-Egohine.

concerne les arbres fruitiers, je vous signalerai, pour chaque espèce, quels sont les sujets sur lesquels on peut greffer.

Le greffage nécessite l'emploi de divers outils :

La *serpette* (fig. 10), qui sert à couper les greffons, à parer les plaies du sujet, à l'étêter, le fendre même lorsqu'il est petit, à couper les menues branches, etc. ;

Le *greffoir* (fig. 11), indispensable pour l'écussonnage, la taille des greffons, et pour quantité de petites opérations qui exigent un outil léger et bien tranchant;

La *scie à main* ou *égohine* (fig. 12) nécessaire pour couper les sujets déjà forts ou les branches volumineuses. Comme elle a le grave défaut de donner une plaie rugueuse, peu unie, et qu'elle déchire plutôt qu'elle ne coupe les tissus, il faut toujours avoir soin d'en parer les plaies à la serpette, afin de les rendre plus nettes et plus facilement cicatrisables;

Le *couteau à greffer* (fig. 13) qui a son utilité quand la serpette n'est pas assez forte pour fendre les tiges. On le fait

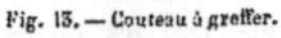

Fig. 13. — Couteau à greffer. Fig. 14. — Sécateur.

pénétrer dans le bois à coups de maillet.

Le *sécateur* (fig. 14) trouve aussi son usage dans beaucoup de cas : suppression de rameaux épineux, de menues branches, coupe de greffons, etc.

Tous ces outils doivent être tenus toujours parfaitement propres et bien affilés.

Des *ligatures* sont aussi nécessaires pour le greffage. Les meilleures sont celles qui ne s'allongent ni ne se raccourcissent pas trop sous l'influence des alternatives de chaud et de froid, de sécheresse et d'humidité. Il faut aussi que ces ligatures soient suffisamment élastiques pour se prêter au grossissement du sujet.

On emploie comme ligatures : la laine, la corde effilochée,

le raphia, deux sortes de roseaux (la spargaine et la massette), des écorces de tilleul, etc.

La laine est en somme la plus commode et une des meilleures ligatures; cependant il faut avoir soin de la desserrer lorsqu'on s'aperçoit qu'elle commence à produire un étranglement dans l'écorce. On peut réunir deux, trois ou quatre brins de laine ensemble suivant la grosseur des sujets. Quand ceux-ci sont forts, la laine ne suffirait plus : on emploie du chanvre ou de vieilles cordes qui ont, plus encore que la laine, l'inconvénient de pénétrer dans l'écorce lorsque le sujet se développe; aussi faut-il les surveiller.

Dans la plupart des cas, il est nécessaire de recouvrir les greffes d'un onguent dont le but est de s'opposer à l'action de l'air, qui dessécherait les tissus coupés et empêcherait la reprise du greffon. Dans les campagnes, on se contente de terre glaise délayée avec de la bouse de vache, engluement des plus économiques, mais défectueux en ce qu'il se détrempe par la pluie, se durcit et se fendille sous l'action du soleil; aussi prend-on souvent le soin de le maintenir au moyen d'un lambeau de toile ou d'un tampon de mousse. Les arboriculteurs se servent de mastics. Celui de Lhomme-Lefort est le plus recommandé; il s'emploie à froid et contribue à cicatriser les plaies. Comme il est d'un prix assez élevé, les pépiniéristes préfèrent généralement se servir d'un mastic à chaud de leur composition. Celle-ci diffère un peu suivant les individus. Voici l'une des plus employées :

| | |
|---|---|
| Poix blanche . . . . . . . . . . . . . . | 3 parties |
| Poix noire . . . . . . . . . . . . . . | 3 » |
| Cire jaune . . . . . . . . . . . . . . | 2 » |
| Suif . . . . . . . . . . . . . . | 1 » |
| Ocre . . . . . . . . . . . . . . | 1 » |

On met le tout sur un feu doux, et l'on agite pendant la fusion. Ce mastic ne doit pas être appliqué trop chaud; autrement on risquerait de brûler les yeux du greffon et son écorce.

Les procédés de greffage sont nombreux; dans leurs détails,

ils varient presque avec la fantaisie de chacun. Je ne vous signalerai que les plus simples et les plus expéditifs ; ce sont en même temps les meilleurs. On les appelle : *Greffes en approche, en fente, en couronne, en incrustation, à l'anglaise* et *en écusson.*

## I. Greffes en approche.

L'homme en a très probablement trouvé le modèle dans la nature. Il n'est pas rare en effet de voir dans nos forêts, et surtout dans nos charmilles, deux branches d'une même espèce qui, serrées l'une contre l'autre, ont fini par se souder entre

Fig. 13. — Greffe en approche.

elles, de telle sorte que leur séparation est devenue très difficile, et même impossible sans rupture. Dans le greffage en approche, nous ne faisons que copier ce travail, que la nature met de longues années à réaliser ; mais nous prenons des précautions pour rendre la soudure plus rapide et plus complète. Voici comment on opère :

Sur le greffon, qui n'est pas séparé du pied-mère, on enlève une lanière d'écorce en ménageant l'aubier. La même opération est faite sur le sujet, de façon que les deux plaies coïncident aussi bien que possible. On applique ces deux plaies l'une sur l'autre, et on ligature pour maintenir un contact intime. Si l'on craint que l'air et le soleil dessèchent les plaies, on les recouvre d'un mastic. Pratiqué avec précaution, ce greffage manque rarement. On le modifie souvent de la manière suivante :

Le rameau-greffon (L, fig. 16) est taillé en biseau allongé en face d'un œil ou d'un jeune rameau encore herbacé (M, N), puis introduit, par ce biseau, sous l'écorce que l'on a soulevée après deux incisions en ⊥ (P) ; on ligature (R fig. 16). Ce procédé,

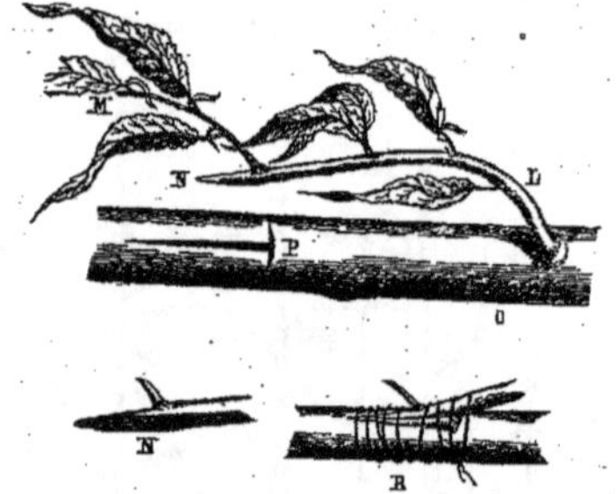


Fig. 16. — Greffe en arc-boutant.

dit en *arc-boutant*, s'emploie avec avantage pour remplacer, sur une branche, les rameaux ou les coursons qui peuvent manquer.

Lorsque la reprise est assurée, soit au bout de quatre, cinq, six mois et même davantage, on *sèvre*, c'est-à-dire qu'on sépare le greffon du sujet qui l'a produit, pour le laisser adhérent au sujet sur lequel on l'a greffé. La section se fait tout au-dessous du point d'insertion du greffon.

Lorsque ce greffon doit continuer la tige, il faut supprimer celle-ci à partir du point d'insertion du nouveau prolongement. On recommande de ne procéder que graduellement, c'est-à-dire de couper la tige et le greffon en deux ou trois fois, et à plusieurs jours d'intervalle.

Outre son emploi le plus ordinaire, qui est de remplacer les branches manquantes, le greffage en approche est encore usité pour les espèces qui reprennent difficilement par les autres procédés. On s'en sert aussi pour souder entre eux les arbres qui composent une haie fruitière, pour joindre bout à bout des cordons de pommiers, etc.

On peut opérer pendant toute la durée de la végétation, c'est-à-dire de mars en septembre.

## II. — Greffes de rameaux détachés.

*Greffe en fente. — Greffe en couronne. — Greffe en incrustation. Greffe anglaise.*

Ces quatre modes sont caractérisés par ce fait que le greffon est un rameau détaché, et que l'on opère sur un sujet dont une partie de la tige a été retranchée.

Le greffon se coupe pendant le repos de la sève; on le conserve *vivant* jusqu'au moment du greffage en l'enfonçant par sa base dans la terre ou dans du sable, le long d'un mur à l'exposition du nord, ou sous un hangar, une voûte, etc. On peut aussi le garder longtemps en bon état en le couchant dans du sable, en cave fraîche.

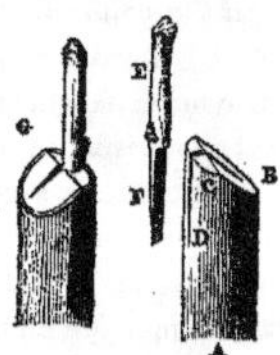

Fig. 17. — Greffe en fente simple.

Les greffages de rameaux se font lorsque la sève entre en mouvement, c'est-à-dire en mars-avril, et avant le bourgeonnement ou développement des feuilles.

1° *Greffage en fente.* Le sujet étant étêté, soit plusieurs jours à l'avance, soit au moment même du greffage, on pare la plaie à la serpette, de manière à faire disparaître les éraflures, les déchirures, et à trancher nettement l'écorce des bords. Si le sujet est assez fort pour recevoir au moins deux greffons, on fait la section horizontale; autrement il vaut mieux la faire oblique en conservant toutefois une petite partie plane du côté où se fera la fente. (B, C, fig. 17).

Pour greffons, prendre des rameaux de l'année précédente, bien fermes et convenablement aoûtés. On leur conserve une longueur de 6 à 8 centim. c'est-à-dire qu'on ménage deux ou trois yeux. La partie inférieure est taillée sur deux faces, en double biseau très allongé, de manière que le côté F, qui sera tourné vers l'extérieur, soit plus épais que l'autre. On a soin de commencer les deux coupes à la même hauteur et un peu au-dessous d'un œil, celui-ci devant se trouver, lorsque le greffon est posé, presque au niveau de la plaie du sujet, mais du côté du dehors. On fait aussi, au commencement de ces deux coupes, et de chaque côté du greffon, une entaille horizontale qui sert à asseoir parfaitement celui-ci sur le sujet. On fend le sujet, selon la longueur du biseau, soit de part en part, suivant un diamètre quand on veut poser deux greffons (fig. 18), soit d'un côté seulement lorsqu'on n'en veut mettre qu'un seul (fig. 17). Dans ce dernier cas, une fente complète n'aurait pas un grand inconvénient; on ne réussit même pas toujours à l'éviter, encore que l'on opère en plaçant la pointe de la serpette au tiers ou à moitié du diamètre. Toutefois il est mieux de ne la faire que partielle.

Fig. 18. — Greffe en fente double.

Lorsqu'on fait la fente, l'écorce doit être séparée aussi nettement que possible et sans déchirure; autrement il faudrait enlever les éraillures à la serpette ou avec le greffoir. Au moyen de la pointe de la serpette ou d'un coin de bois dur ou d'os, on maintient ouverte la fente, puis l'on y glisse les greffons, que l'on place de manière à faire coïncider les deux libers. Cette précaution est essentielle, parce que c'est en cet endroit que la soudure s'effectue. On ligature pour que les greffons se trouvent solidement fixés. Il ne reste plus qu'à enduire de mastic ou de cire à greffer; on en met sur toutes les plaies, sur la coupe B du sujet, sur la fente E et sa correspondante, sur l'ouverture C et sur l'extrémité des greffons D, D (fig. 18). Il est indispensable, pour la reprise, que l'air ne dessèche pas les parties mises au vif.

2° *Greffage en couronne.* — Le sujet étêté, on taille le greffon d'un côté seulement et en biseau simple, en commençant en face d'un œil, à partir d'un cran qui permet de l'asseoir plus solidement, et en finissant par une languette très mince. Ce greffon est inséré entre le liber et l'aubier. Il faut nécessairement, pour que cela puisse se faire sans peine, que le sujet soit bien en sève, c'est-à-dire que l'écorce se soulève avec facilité. Il est quelquefois inutile d'ouvrir ou d'inciser l'écorce : c'est quand on peut la décoller au moyen d'une spatule d'ivoire, d'os ou de bois dur, que l'on introduit d'abord à la place du greffon. Celui-ci se pose alors sans effort, et sous la seule pression de la main. Si l'écorce menace de s'éclater, on l'incise longitudinalement (D, fig. 19) par un coup de greffoir, à l'endroit où sera posé le greffon. La reprise n'en est pas moins assurée; mais la greffe est moins solide. On ligature et l'on englue de la même manière que pour la greffe en fente.

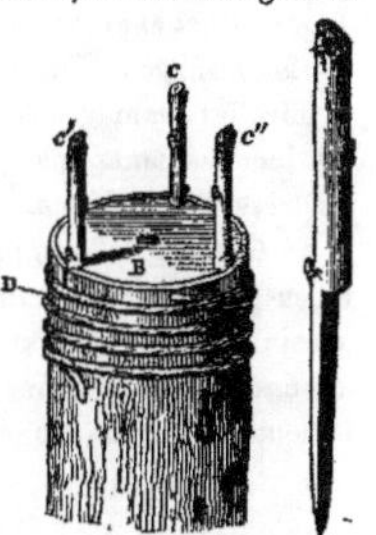

Fig. 19. — Greffe en couronne.

On pose un ou plusieurs greffons suivant la grosseur du sujet.

Lorsque les bourgeons commencent à se développer, il est prudent de les palisser, en les attachant à de petites baguettes fixées sur le sujet. On évite ainsi le décollement du greffon, toujours à craindre à la suite d'un coup de vent ou de tout autre accident.

Le greffage en couronne se pratique surtout sur les gros arbres dont on veut changer la variété. On coupe alors les branches, que l'on greffe comme autant de sujets.

3° *Greffage en incrustation.* — Le greffage en incrustation, dit aussi à l'*emporte-pièce*, consiste à faire sur le sujet, préalablement étêté, une entaille triangulaire *r*M (fig. 20), et à placer, dans cette entaille, un greffon L, préparé de telle sorte qu'il y ait coïncidence aussi exacte que possible entre la languette *pn* du greffon, et l'entaille *r*M du sujet (LOM. — Fig. 20). Ligaturer et engluer.

Le greffage en *incrustation* mériterait d'être plus employé : il offre les avantages de la greffe en couronne sans en présenter les inconvénients, mais, pour être bien fait, il demande plus d'adresse et d'habileté.

4° *Greffage à l'anglaise.* — Le greffon et le sujet sont choisis à peu près de même calibre : le mieux est de les avoir d'égale grosseur. L'un et l'autre (A et B, fig. 21) sont taillés en biseau allongé et sous le même angle, en commençant, sur le greffon, la coupe à l'opposé d'un œil E. Sur ce biseau, à égale distance

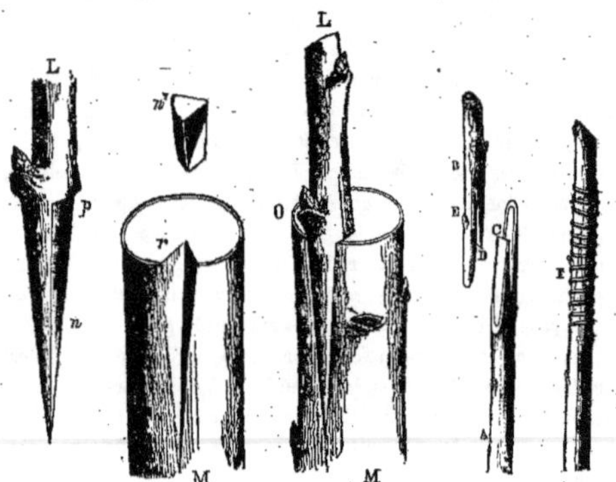


Fig. 20. — Greffage en incrustation. Fig. 21. — Greffe anglaise.

de la moëlle et de la pointe, on pratique une fente C, D, profonde de 2 à 4 cm. On fait glisser le greffon sur le sujet : la languette D du premier s'engage dans la fente C du second ; on veille à faire coïncider les écorces aussi exactement que possible, au moins d'un côté quand le greffon est d'un diamètre plus faible que le sujet. On ligature et l'on englue.

Cette greffe est très solide et d'une facile réussite. Elle convient tout particulièrement pour les jeunes sujets.

La greffe anglaise, comme la greffe en fente, la greffe en incrustation et la greffe en couronne, se pratique au début de la végétation. On pourrait aussi, mais avec de moindres chances de succès, la faire à l'automne, au déclin de la végétation, c'est-à-dire de fin août à la mi-septembre. Il faut que le greffon puisse se souder, mais qu'il ne bourgeonne pas avant l'hiver; ce greffage d'automne convient surtout au cerisier.

### III. Greffe en écusson.

Dans l'écussonnage, le greffon, au lieu d'être un rameau ou une portion de rameau, se compose tout simplement d'un lambeau d'écorce muni d'un œil, le tout figurant grossièrement un écu de chevalerie, d'où le nom qui lui a été donné. Le sujet

Fig. 22 — Levée de l'écusson.

n'est pas coupé pour le greffage; la partie qui se trouve au-dessus de l'écusson n'est supprimée qu'après la reprise de celui-ci.

Aussitôt le rameau-greffon détaché d'après l'arbre-mère, on en supprime les feuilles s'il en porte, en conservant une petite portion (1 cm. environ) du pétiole. Ce fragment est très utile pour le maniement de l'écusson.

Prenons le rameau de la main gauche, et, après avoir marqué en dessus et en dessous de l'œil, d'un trait de greffoir, la limite *ff'* de l'écusson (fig. 22) faisons glisser la lame suivant la ligne ponctuée *gg'g*, en ayant soin de baisser légèrement le tranchant lorsqu'il passe sous le coussinet ou renflement *g'*. L'écusson levé présente alors l'aspect H. Une mince esquille de bois reste sous l'œil; il ne faut pas qu'elle ait une trop grande épaisseur; autrement on chercherait à l'enlever en la détachant vivement vers le haut. Mais alors, à moins d'une certaine habitude, on

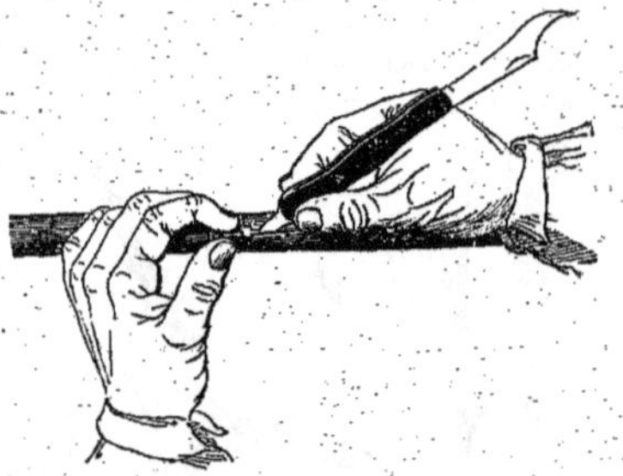

Fig. 23. — Pose de l'Écusson.

risquerait d'évider le dessous de l'œil, et, par suite de le perdre. Il vaut donc mieux, en ce cas, lever un autre écusson.

Pour poser l'écusson, choisir sur le sujet un endroit bien uni et bien lisse; faire dans l'écorce une double incision figurant un T; puis soulevant les 2 bords de l'incision longitudinale au moyen de la spatule du greffoir, et tenant l'écusson par le fragment de pétiole conservé, le glisser dans l'espace ainsi ménagé (fig. 23); rapprocher alors les lèvres de l'écorce et ligaturer, en commençant par le haut.

La réussite est d'autant plus assurée que l'opération est faite plus rapidement : il faut laisser le moins possible les plaies à l'air. Evitez d'écussonner par la pluie ainsi que par le trop grand soleil.

L'écussonnage est un excellent mode de greffage. C'est celui que l'on doit préférer pour les jeunes sujets; il ne peut d'ailleurs se pratiquer sur les tiges rugueuses et fendillées, et n'est possible qu'autant que l'écorce est lisse et se soulève facilement.

On écussonne à deux époques : au début de la végétation, c'est-à-dire en avril-mai, et à la fin de l'été, de juillet à septembre, un peu plus tôt ou un peu plus tard suivant les circonstances et l'état de végétation des sujets. Dans le premier cas, on se sert de greffons conservés de l'année précédente; la pousse a lieu de suite : c'est l'écussonnage *à œil poussant*. Dans le second cas, on prend les écussons sur les pousses de l'année, suffisamment aoûtées; ils ne se développent que l'année suivante; l'écussonnage est dit alors *à œil dormant*. Pour avoir des greffons bien aoûtés, il est bon d'en pincer l'extrémité herbacée trois semaines avant le greffage.

Dans les années chaudes, et à la suite d'un été sec, il arrive que l'écorce se détachant mal, l'écussonnage devient difficile. En ce cas, il suffit souvent d'arroser le sujet ou de lui donner un binage quelques jours à l'avance pour lui fournir un regain de sève et en rendre le greffage facile.

### IV. GREFFE DU BOUTON A FRUIT.

Le greffage du bouton à fruit a beaucoup de ressemblance avec l'écussonnage. Il se pratique en juillet-août, et, comme son nom l'indique, il consiste à souder des boutons à fruit sur des arbres qui en manquent, ou dans des endroits dégarnis des coursons. Il constitue un très bon moyen de mettre à fruit des arbres stériles par excès de vigueur, car la production de ces greffes dure fort longtemps.

Suivant que l'on a affaire à un simple bouton ou à un rameau à fruit, on taille le greffon comme un écusson, en lui conservant cependant du bois (B, fig. 24), ou bien en biseau allongé, comme

Fig. 24.
Greffe de boutons à fruits.

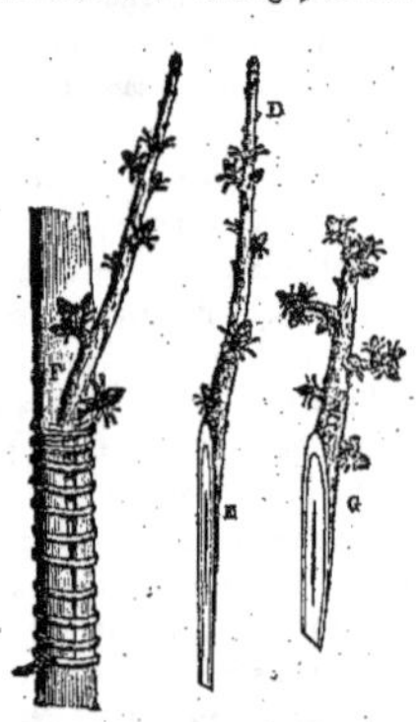


Fig. 25. — Greffage de rameaux à fruits.

pour la greffe anglaise, mais sans faire de fente (E, G, fig. 25). On insère sous l'écorce, puis on ligature (C, fig. 24 et F, fig. 25). Il faut engluer copieusement.

## V. Soins à donner après le greffage.

Les écussons une fois posés, il ne reste plus qu'à en attendre le développement. Il importe de les visiter assez souvent, de manière à pouvoir remplacer, quand il en est encore temps, ceux qui viennent à manquer. On les reconnaît à ce qu'ils ne poussent pas et finissent par se dessécher et se rider. Si l'écusson est muni d'une portion de pédoncule, on peut être assuré de la réussite lorsqu'après une huitaine de jours cette partie est jaune, mais non flétrie, et se détache au moindre attouchement; est-elle au contraire noire, ridée, adhérente à l'écusson, on peut en conclure que celui-ci ne reprendra pas, et recommencer si la saison le permet.

Après l'hiver pour les écussons à œil dormant, et aussitôt la reprise assurée pour ceux à œil poussant, on coupe le sujet à 15 ou 20 centimètres au-dessus de la greffe. L'onglet ainsi ménagé sert à attacher le jeune bourgeon, et à le dresser convenablement. Pendant les premiers temps, on conserve, au-dessus de l'écusson, quelques-unes des pousses qui se développent sur le sujet; puis on les supprime peu à peu, au fur et à mesure que l'écusson grandit. L'année suivante avant le commencement de la végétation, on enlève, d'un coup de serpette, l'onglet devenu inutile. (A, fig. 26.)

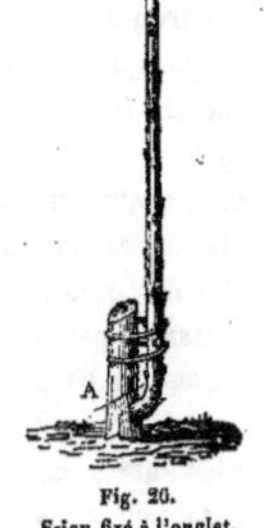

Fig. 26.
Scion fixé à l'onglet.

Les mêmes soins sont réclamés par les greffes de rameaux, à cette différence près que, si l'on a greffé à une certaine hauteur aussi bien que si on l'a fait à peu de distance du sol, il faut ménager, sur la tige du sujet, davantage de bourgeons que dans l'écusson, afin de donner des issues à la sève, qui ne peut plus se porter au-delà du greffon. On palisse avec du jonc sur des baguettes attachées à la tige du sujet.

La greffe se développant, il faut avoir grand soin de desserrer la ligature, afin qu'elle ne produise pas d'étranglement. Ce travail est plus facile quand on a terminé la ligature par une boucle au lieu d'un nœud.

## III.

### De la Plantation.

#### 1° *Choix et préparation du sol.*

Nous avons vu que les arbres, comme toutes les plantes, puisent en grande partie leur nourriture dans le sol, et que les extrémités des racines sont autant de bouches qui absorbent cette nourriture. Plus la terre est riche, plus l'absorption est facile et abondante, plus l'arbre est vigoureux. Il importe donc beaucoup de planter dans une bonne terre.

Les terres franches, fertiles, faciles à cultiver sans être cependant trop légères, sont celles qui conviennent le mieux. Il ne faut pas que l'eau séjourne dans le sol et le sous-sol; autrement il serait indispensable de drainer. La couche de terre fertile doit être profonde de 60 à 70 cm. au moins; avec un sous-sol imperméable, il faudrait un mètre d'épaisseur.

Les terres fortes, celles qui se laissent difficilement travailler, qui sont grasses et collantes par les pluies, se durcissent, se crevassent par la sécheresse, conviennent peu aux arbres. On peut les rendre plus légères et plus perméables par l'emploi de plâtras, débris de démolitions, cendres, balayures de rues, et toutes autres matières propres à diviser le sol.

Les terres sèches, légères et très perméables ne sont guère plus favorables aux arbres que les précédentes. On améliore les sols de cette nature en leur donnant de la consistance par des apports de terre argileuse ou de terre franche, et par des engrais bien consommés, notamment du fumier d'étable, du sang, des vidanges, etc.

Il ne faut d'ailleurs jamais ménager l'engrais aux arbres. Comme on peut parfaitement fumer dans les années qui suivent celle de la plantation, on ne doit pas enterrer tout d'une fois l'engrais dont les plantes auront besoin durant toute leur existence. Les fumures annuelles jouent un grand rôle pour entretenir les arbres en bon état de vigueur et de fertilité.

Il ne suffit pas, pour faire une plantation, que la terre soit bonne et fertile; il faut encore qu'elle soit ameublie, divisée; pour l'avoir dans cet état, il faut recourir au défoncement, opération que l'on ne doit jamais négliger, parce qu'elle donne d'excellents résultats.

Défoncer une terre, c'est la remuer à une profondeur de 60 à 70 cm. de manière à permettre aux racines des arbres de la pénétrer facilement en tout sens.

Pour défoncer, on répand sur le sol une bonne épaisseur de fumier, et, s'il y a lieu, les amendements que l'on veut appliquer; puis, à l'une des extrémités du terrain, l'ouvrier creuse une tranchée suffisamment large pour lui permettre de manier à son aise la pioche et la pelle. Etant descendu dans la tranchée, il fait tomber la terre devant lui, la divise, la mélange au fumier, puis la rejette en arrière. Il avance ainsi successivement en maintenant la partie défoncée aussi bien nivelée que possible et en mélangeant toute la masse déplacée.

On défonce toute la surface quand on veut planter à plein carré. Pour une plate-bande, on se contente d'en défoncer la largeur. Dans les vergers, on défonce simplement l'emplacement de chaque arbre, en faisant le trou d'autant plus large et plus profond que la terre est moins bonne et moins meuble.

Si l'emplacement était auparavant et depuis longtemps occupé par un autre arbre, il faudrait, au moment du défoncement, en changer la terre en grande partie au moins, surtout si l'ancien sujet était de même espèce que le nouveau.

Le défoncement se fait par un temps sec, de préférence pendant la bonne saison, ou encore par les gelées de l'hiver. Il doit toujours avoir lieu au moins quatre ou cinq mois avant la plantation, afin que la terre ait pu se tasser, et que le fumier ait eu le temps de se décomposer.

Si l'on avait affaire à une bonne terre, profonde, améliorée de longue date et en bon état de culture, une terre de potager par exemple, il ne serait pas indispensable de défoncer, et l'on pourrait se contenter d'un bon labour ordinaire. Néanmoins le défoncement est encore préférable.

### 2° *Plantation.*

La réussite d'une plantation dépend en grande partie des soins que l'on apporte à l'arrachage et à la mise en terre des arbres.

Avant tout un bon arrachage, ou plutôt une bonne déplantation est nécessaire. Il faut éviter autant qu'on le peut de rompre les racines, de les éclater, de les blesser, et chercher à conserver le plus de chevelu possible.

Voici un jeune arbre à transplanter : occupons-nous d'abord de le déplanter. Enlevons à la bêche et tout à l'entour une certaine quantité de terre. Ayons soin de tenir l'outil de manière à tourner toujours la tranche, et non la partie plate du fer du côté de l'arbre ; il y aura ainsi moins de risques de rencontrer des racines. Nous nous gardons de tirer sur la tige, de la secouer violemment, de la pousser brusquement de côté et d'autre, ainsi qu'on le fait pour l'arrachage des arbres que l'on veut jeter au feu, et quelquefois aussi, malheureusement, pour ceux que l'on veut planter. Quelques coups de bêche appliqués en dessous détacheront les racines qui tiennent encore. Notre jeune sujet a conservé une petite motte de terre si le sol n'est pas trop léger.

Malgré toutes nos précautions, quelques-unes des racines sont endommagées : celle-ci a souffert d'une écorchure ; celle-là est rompue ; cette autre a été mal coupée par la bêche. Nous avons soin de passer la serpette sur toutes ces plaies : nous les rafraîchissons par une coupe nette, faite jusque dans la partie saine. Remarquez que ces coupes sont en biseau et en dessous, de telle sorte qu'elles reposeront sur le sol. En même temps, coupons l'extrémité du chevelu afin d'en déterminer la ramification. Quelques racines très longues et peu ramifiées nous gêneraient dans notre plantation : nous les raccourcissons.

Il y a une relation étroite entre la partie aérienne et la partie souterraine d'un arbre; le développement de l'une est toujours en raison du développement de l'autre. Quand on supprime une partie des racines, il convient de supprimer en même temps quelques branches ou extrémités de branches, afin de rétablir l'équilibre.

Notre arbre ainsi préparé ou *habillé*, suivant l'expression admise, nous le mettons en place, car il faut ne laisser les racines à l'air que le moins de temps possible.

Nous avons pratiqué un trou assez large pour que les racines puissent se placer naturellement, et assez profond pour que toutes se trouvent recouvertes. Il ne faudrait pas les enterrer trop profondément, parce qu'alors elles ne subiraient pas suffisamment l'influence de l'air, ni les recouvrir trop peu, ce qui les exposerait au dessèchement. Le collet de l'arbre sera notre guide : nous ferons en sorte que la terre du trou, une fois tassée, il se trouve à environ 5 cm. au-dessous du niveau du sol.

En terrain sec et léger, on peut enterrer un peu plus le collet, tandis qu'en terre compacte, il convient de le maintenir plus près de la surface du sol.

Si le sujet est greffé en basse tige, il importe de ne pas recouvrir de terre l'endroit de l'insertion du greffon, qui doit toujours se trouver à un demi-décimètre au moins au-dessus du sol.

L'un de nous soutiendra la tige et la maintiendra bien verticale, dans la place précise où doit se trouver l'arbre. Disposons les racines suivant leur direction naturelle; évitons qu'elles se croisent ou se gênent mutuellement. Nous les recouvrons d'abord d'un peu de terreau fin que nous aurons soin de glisser partout avec la main, pour combler tous les vides qui peuvent se présenter. Nous achèverons ensuite de remplir le trou; nous presserons légèrement la terre avec le pied; puis afin de prévenir les effets du tassement, qui déchausserait notre arbre, nous ferons une petite butte autour de sa base; nous paillerons et nous arroserons.

Comme vous le voyez, cet important travail est en somme fort simple. Il suffit, pour le mener à bien, d'un peu de soin et d'attention.

Notre sujet a été planté aussitôt qu'arraché : c'est le cas le plus favorable pour la reprise. Mais il arrive souvent que la plantation ne peut être faite de suite; alors on met l'arbre en jauge, c'est-à-dire qu'en attendant la mise en place, on enterre provisoirement les racines et même une partie de la tige.

Lorsqu'on reçoit, des pépinières éloignées, des arbres dont les racines sont restées exposées à l'air trop longtemps, celles-ci sont quelquefois un peu desséchées et ridées. Il faut alors les coucher, aussitôt l'arrivée, de tout leur long dans une jauge, les recouvrir de terre, les arroser, et les laisser ainsi pendant plusieurs jours jusqu'à ce que l'écorce soit redevenue ferme et lisse. De plus, au moment de la plantation, on se trouvera bien d'enduire les racines et la tige de bouse de vache délayée dans l'eau, avec un peu d'argile. Cette précaution est d'ailleurs toujours bonne à prendre et produit les meilleurs effets.

Si les arbres arrivent par la gelée et qu'ils paraissent avoir été touchés du froid, il ne faut pas les déballer de suite, mais les mettre à dégeler lentement en cave ou sous un hangar. On les déballera alors pour les enjauger ou les planter.

Les plantations se font à deux époques : à l'automne et après les grands froids de l'hiver. L'automne est en général préférable, surtout dans les sols légers et se desséchant facilement; au contraire, dans les terres fortes et un peu humides, on attend avec avantage la fin de l'hiver.

On peut se mettre à planter aussitôt que les feuilles commencent à tomber, en prenant d'ailleurs la précaution de couper avec des ciseaux celles qui ne seraient pas encore détachées. Ainsi on peut commencer dès la mi-octobre; on continue en novembre; on s'arrête aussitôt l'arrivée des fortes gelées, parce qu'il ne faut jamais exposer les racines à l'air par un temps froid; on reprend lorsque la température devient meilleure, et l'on cesse définitivement quand les feuilles commencent à se montrer.

Il importe que la terre soit suffisamment saine et ressuyée; si elle est mouillée, elle se piétine, se place mal, se durcit plus tard, et la reprise est moins assurée. Le hâle et le grand soleil sont défavorables au moment de la plantation; il vaut mieux opérer par un temps calme et couvert.

N'attachez jamais les arbres aux treillages aussitôt leur mise en terre : le sol se tassant, le sujet se trouverait déchaussé par la suite, et resterait comme suspendu.

Bien que l'on puisse réussir la transplantation d'arbres déjà forts, la reprise est plus certaine avec des arbres plus petits, et d'autant mieux assurée et moins fatigante pour les sujets que ceux-ci sont moins âgés.

Il convient de toujours choisir des arbres vigoureux, bien venants, dont l'écorce lisse et le chevelu abondant annoncent la force et la santé. N'en achetez jamais, sous prétexte de bon marché, qui soient chétifs et de mauvaise apparence : ceux-ci ne vous donneront jamais rien de bon, et vous coûteront, en réalité, plus cher que de beaux arbres. Une économie réalisée sur le prix d'un arbre est la plus mauvaise des économies. Autant que possible, choisissez vos sujets vous-mêmes à la pépinière, et adressez-vous à un pépiniériste consciencieux, auprès duquel vous serez assurés de trouver les variétés que vous désirez.

### 3° *Soins à donner après la plantation.*

Le paillage est toujours une bonne précaution. On se sert de fumier un peu passé, que l'on étend tout autour du pied de l'arbre, sur un rayon de 25 à 30 centimètres et une épaisseur de 5 à 6 centimètres. Ce soin est surtout nécessaire pour les plantations faites un peu tardivement après l'hiver ; il empêche le dessèchement du sol et procure aux jeunes arbres une certaine quantité d'engrais, en même temps qu'il maintient une fraîcheur favorable à la reprise. Il ne dispense d'ailleurs qu'en partie des arrosages, généralement obligatoires la première année de plantation, surtout si la saison est sèche. Les plantations d'automne ne sont paillées qu'en mars ou avril.

Lorsque les arbres sont repris, on leur donne chaque année un labour après l'hiver. La bêche ne convient pas pour ce travail. Un trident vaut mieux, parce qu'il permet de ménager plus facilement les racines, qu'il faut avoir grand soin de ne pas endommager. On prend du reste la précaution de ne pas labourer trop profondément, et de ne pas approcher trop près du pied de l'arbre. Pendant la végétation on donne les binages et les désherbages nécessaires, en observant les mêmes soins.

## IV.

## Du Verger et de son établissement.

### 1° *Conditions à réunir.* — *Emplacement, Clôtures, etc.*

On donne le nom de *Vergers* aux jardins fruitiers plantés d'arbres à haute tige, c'est-à-dire ne se ramifiant qu'à 1m50 au moins du sol, et n'étant pas soumis à la taille.

Le verger est une précieuse ressource pour les habitants de nos campagnes : c'est pour eux le jardin fruitier par excellence. Certes nous voyons avec plaisir ces belles plantations d'arbres taillés qui nous montrent leurs formes variées et symétriques, et nous donnent des fruits si beaux et si savoureux. Mais combien plus encore me paraissent devoir être estimés ces grands et robustes arbres de nos vergers, qui sans efforts et presque sans soins nous prodiguent leurs dons! Combien plus j'admire ces vieux enclos, devenus trop rares hélas! ces énormes pommiers, ces antiques poiriers plantés par nos pères et qui témoignent de leur sollicitude pour l'avenir!

Il est vrai que les arbres à haute tige donnent des fruits qui n'ont pas toute la grosseur et la qualité de ceux des arbres taillés : mais ne nous dédommagent-ils pas amplement par leur longue durée et leur abondante production? On leur reproche encore de tenir beaucoup de place et de ne rapporter en abondance qu'assez longtemps après la plantation. Heureusement que nos prédécesseurs n'ont pas toujours raisonné de la sorte! Est-ce donc la place qui fait défaut dans nos campagnes? Non! Ce qui manque, c'est le talent, et quelquefois la bonne volonté de l'utiliser. Ce qui, souvent, manque aussi, c'est le temps. Eh bien, c'est parce que les arbres à haute tige demandent peu de temps et de soins que nos populations rurales doivent recourir à cette culture. Les arbres taillés réclament des soins assidus et des connaissances spéciales : laissons-les aux amateurs et aux horticulteurs de profession. Mais plantons des vergers et ne craignons pas de produire trop de fruits; s'ils sont très abondants, n'avons-nous pas la ressource de les sécher, de les distiller, d'en tirer des boissons fermentées? Plantons donc et plantons encore : il y va de notre bien-être.

Si j'avais à créer un verger et que je puisse le faire à ma guise, voici dans quelles conditions je l'établirais :

Dans une vallée bien aérée, mais garantie contre les vents froids et violents, ou mieux au pied d'un coteau à l'exposition du levant ou du sud-est, je choisirais une terre franche, de préférence une bonne terre à pré, plutôt un peu forte que légère, profonde d'un mètre au moins, reposant sur un sous-sol perméable. Pour la facilité de la surveillance, je tiendrais à avoir mon verger à proximité de mon habitation. J'aimerais aussi à le voir traversé par un filet d'eau : on attribue au voisinage de celle-ci une influence favorable à la fécondation des fleurs et à leur préservation contre les gelées tardives. J'éviterais cependant autant que possible de l'établir dans un vallon étroit, resserré et humide. Un plateau découvert, battu par les vents, ne me plairait pas davantage.

Je ne dédaignerais pas, pour clôture, de hautes et solides murailles; mais comme les murs coûtent fort cher et qu'ils ne peuvent guère être utilisés dans un verger à cause du voisinage des grands arbres, je m'accommoderais volontiers d'une bonne haie vive, ou encore d'un fossé profond de 50 à 60 cm., large de 1 m. à 1m30 à son ouverture. Je le garnirais, sur le talus extérieur, de broussailles et d'arbustes défensifs, ronces, épines, ajoncs, etc., et, sur le bord intérieur, d'arbustes fruitiers, haie de groseilliers, de framboisiers, de vinettiers, mirabelliers en buisson, noisetiers, néfliers, coignassiers, cornouillers, etc. Ces quatre derniers seraient plantés au nord et à l'ouest; les autres espèces, au levant et au midi.

Entre voisins, je me contenterais d'une haie fruitière.

Mais il est bien rare que l'on puisse choisir et rencontrer toutes les conditions désirables. Il faut du moins profiter de toutes celles que l'on peut réunir, et chercher à parer aux inconvénients qui n'ont pu être évités.

A-t-on affaire à un sol humide? il faut le drainer et le niveler de manière à rejeter les eaux au dehors. Si la terre laisse à désirer, il faut tâcher de lui donner des amendements, des engrais convenables. Lorsqu'un obstacle naturel ne s'oppose pas aux effets de certains vents, ceux du nord, froids et desséchants, ceux de l'ouest, violents et humides, on crée des brise-vents : il suffit généralement d'une double ligne de grands arbres, de sapins, par exemple.

Nous avons vu comment il convient de préparer le sol; nous savons aussi quels sont les soins à prendre pour la plantation. Je ne reviendrai donc pas sur ce sujet; je me contenterai de vous en rappeler les principaux points.

Les engrais à décomposition lente sont ceux qui conviennent le mieux. On les applique à l'époque du défoncement, lequel, pour le verger proprement dit, se réduit à l'ouverture des trous. Ceux-ci doivent être faits au moins trois ou quatre mois avant la plantation, afin que la terre soit bien aérée, bien soleillée, et profite de l'influence des agents atmosphériques. Déplantez avec précaution; habillez la racine et les branches; enduisez la racine et la tige de bouse de vache délayée avec un peu de terre argileuse; plantez avec soin; paillez et arrosez.

2° *Choix des sujets. — Espèces à admettre au Verger. — Espacement des arbres. — Utilisation du terrain.*

Nous ne saurions apporter trop d'attention au choix des sujets. Les meilleurs sont ceux qui ont une tige bien droite à écorce lisse et nette, forte, plus grosse en bas qu'en haut, se divisant à 1m70 environ du sol en ramifications régulièrement disposées, naturellement portées à s'évaser. Il faut rejeter les arbres coudés, difformes, ou à tige grêle et élancée, à peine plus forts à leur base qu'à leur partie supérieure. La présence de chancres ou de mousse sur les tiges ou les rameaux est un très mauvais indice et l'on ne doit pas planter les arbres de ce genre. Il ne faut pas non plus s'en rapporter trop à l'apparence en ce qui concerne la vigueur de l'arbre : beaucoup choisissent à première vue les sujets à ramifications nombreuses, touffues; vous préférerez ceux dont les branches sont moins serrées, mais mieux distribuées et permettent à l'air et à la lumière de circuler facilement.

Ne vous étonnez pas si j'insiste sur cette question du choix des arbres : elle est d'une importance capitale, et je tiens d'autant plus à vous la signaler, à y arrêter votre attention, qu'on s'occupe trop peu des arbres à haute tige. Du verger? Qui donc s'en inquiète dans nos campagnes? Si de temps à autre on plante quelque arbre, on achète au plus bas prix; on met en terre sans précaution, sans prendre les soins les plus élémentaires. Se soucie-t-on davantage au moins du choix des variétés? Point, et sauf quelques amateurs trop rares, nul ne se dit, dans nos villages : je possède telle ou telle variété d'automne ou d'été, il m'en faudrait telle autre pour l'hiver. On n'a pas d'idées arrêtées à cet égard. Et c'est grand dommage, car il n'en coûte pas davantage pour cultiver un bon fruit qu'un médiocre, un bel arbre qu'un avorton. Cependant les bonnes variétés ne manquent pas : on les compte par dizaines. Ce qui manque c'est de les connaître.

Vous n'aurez pas du moins cette excuse. Ensemble nous

chercherons les bons fruits, et bientôt, un peu de bonne volonté aidant, ils seront les seuls à garnir votre cellier.

Combien d'arbres de chaque espèce admettrons-nous dans le verger ? Il est difficile de répondre à cette question, car le nombre peut varier avec les besoins ou les caprices de chacun, avec la nature du sol qui se prête mieux à telle culture qu'à telle autre, enfin et surtout avec l'usage que l'on veut faire des fruits. Si l'on se propose de fabriquer du cidre, il va de soi que les pommiers domineront. Veut-on obtenir de l'alcool ? on admettra en plus grande quantité les cerisiers et les pruniers. Travaille-t-on pour le marché ? les poires et les pommes à couteau auront la plus large place.

Pour le verger ordinaire, destiné simplement à fournir des fruits de table à une maison, on admet généralement la proportion suivante : 1/3 de pommiers, 1/4 de poiriers, 1/4 de pruniers et 1/6 de cerisiers. Ajoutons à cela un ou deux noyers, quelques sorbiers, alisiers, néfliers, noisetiers, coignassiers et cornouillers.

Il n'est pas non plus facile d'indiquer la distance à laquelle on doit planter, car cette distance n'est pas uniforme, et varie beaucoup suivant la qualité du sol, la nature de l'arbre, etc. En règle générale, il ne faut pas que les arbres, quand ils ont acquis leur grosseur, se gênent entre eux. Il vaut mieux planter plus écarté que plus serré, comme on le fait trop souvent par une économie de terrain mal entendue. Comme certains arbres, le prunier, par exemple, se développent moins que tels autres, le pommier, le poirier, etc. ; et comme d'autre part il faut adopter un espacement uniforme pour la régularité de la plantation, il convient d'admettre la distance réclamée par les arbres qui demandent le plus de place, soit environ 10 mètres. Les intervalles jugés trop considérables pourront être plantés d'espèces de petites dimensions, coignassiers, néfliers, groseilliers, etc. On pourra aussi mettre là les arbres fruitiers, poiriers en colonne sur coignassier, buissons ou vases de pommiers sur paradis, qui ne demandent que très peu de place. Leurs produits feront attendre avec patience ceux des arbres à haute tige.

Dans les premières années de plantation, tant que la terre est encore en bon état d'ameublissement et que les racines ne s'étendent pas au loin, on peut faire quelques cultures sous les arbres, en ayant soin de ne pas approcher trop près du pied. On choisit de préférence les plantes à racines courtes : haricots, pommes de terre, choux, fraisiers, etc. Mais aussitôt que les hautes tiges ont acquis une certaine force ; aussitôt que leurs racines commencent à s'étendre et que leur ombre devient nuisible, on abandonne les cultures intermédiaires, et l'on enlève les arbres de prompt rapport que l'on a pu planter. Il ne reste plus qu'à engazonner le sol en conservant autour de chaque arbre un espace circulaire de 50 à 60 cm. de rayon, que l'on tient meuble, net de toutes herbes jusqu'à ce que l'arbre soit devenu très fort. Pour l'engazonnement, il faut choisir les graminées rustiques, dont la durée est presque indéfinie. Les légumineuses seront bannies du verger : leur durée est beaucoup moindre, et elles se plaisent mal sous le couvert des arbres. Il faudra surtout exclure la luzerne, qui a des racines profondes et voraces.

Le meilleur mode de plantation est la disposition en quinconce, qui permet à la tête des arbres de s'arrondir naturellement.

### 3° *Soins d'entretien à donner au Verger.*

La reprise des arbres étant assurée et le verger en bonne voie, il ne reste plus qu'à lui donner quelques menus soins indiqués par les circonstances.

Afin que les arbres prennent une bonne direction, il convient de les tuteurer. Il faut aussi les fixer pour que le vent ne les tourmente pas; on se servira de piquets solides, assez longs, et comme leur contact pourrait déterminer des plaies sur le sujet, on prendra la précaution d'interposer un tampon de paille ou de mousse entre le tuteur et l'écorce.

Les tuteurs peuvent être disposés de différentes façons. Le plus souvent on les plante verticalement au pied de l'arbre.

Ce mode n'est pas le meilleur parce que le piquet peut rencontrer et blesser des racines quand on l'enfonce en terre. Aussi conseille-t-on de le mettre obliquement, ou encore de se servir de deux tuteurs reliés par des traverses horizontales sur lesquelles on fixe la tige.

Si la plantation est exposée à la visite du bétail, ce qui est toujours regrettable, il faut prendre des mesures pour empêcher les dégâts. Voici ce qui convient le mieux : quatre tringles ou piquets en bois de 1m70 de hauteur sont réunis par des fils de fer en conservant entre eux un intervalle de 10 à 12 cm. On les garnit de clous non forgés, les clous forgés occasionnant des piqûres dangereuses.

Chaque année, en février-mars, il faut visiter le verger. On donne aux arbres un léger labour au moyen du trident. S'il existe des drageons, on les déchausse et les supprime jusqu'à leur naissance. En même temps on enlève les rameaux qui pourraient apparaître le long de la tige ainsi que les gourmands, facilement reconnaisables par leur insertion à angle droit en dessus de la branche, par leur aspect élancé et leur direction verticale. Les branches inutiles c'est-à-dire celles qui font confusion dans l'intérieur de l'arbre, sont également coupées de manière à permettre à l'air et à la lumière de circuler plus facilement. On retranche de même les branches desséchées ou chancreuses.

Toutes ces coupes se font de préférence à la serpette. Si l'on est obligé de recourir à la scie, il est nécessaire de parer la plaie avec un instrument bien tranchant, avec la serpette pour les petites plaies, avec la serpe ou la plane pour les grandes sections. Remarquons qu'il faut toujours couper aussi près que possible de l'insertion, sans cependant entamer la tige ou la branche. On doit éviter de laisser des chicots et de faire des plaies à surface convexe.

Lorsqu'on a des arbres dont l'écorce se durcit, se resserre sur la tige, il faut l'inciser dans le sens de la longueur. On se sert de la pointe d'une serpette bien affilée, et l'on fend l'épiderme de place en place, en ayant soin de ne pas trop multiplier les incisions et de ne pas les faire trop profondes. Quelquefois le greffon, se développant plus vite que le sujet, un bourrelet disgracieux se forme à son insertion. On arrive à le faire disparaître, ou tout au moins à l'atténuer fortement par des incisions du même genre commençant plus haut et finissant plus bas que le bourrelet.

Il arrive que des arbres d'une végétation très vigoureuse ne poussent que du bois et ne donnent pas de récolte. Tant qu'ils sont jeunes, le mieux est d'attendre; mais lorsqu'ils ont atteint un certain développement et qu'ils continuent à rester stériles, on peut essayer de les mettre à fruit. On conseille de découvrir une partie des racines pour les exposer à l'air, en les recouvrant d'ailleurs dès que la végétation s'amoindrit sensiblement. Cela suffit souvent pour déterminer la fructification. Mais il ne faut jamais employer ce moyen qu'en dernier ressort, n'en user qu'avec beaucoup de prudence, et ne découvrir que les plus grosses racines.

A-t-on affaire au contraire à de vieux arbres à végétation très faible, couverts de vieilles écorces et de mousses, on les rajeunit en râclant tous ces parasites et toutes ces plaques fendillées. On badigeonne ensuite le tronc et les branches principales avec un lait de chaux. Après cette opération les arbres reprennent habituellement une nouvelle vigueur. Le travail serait plus efficace encore en raccourcissant les grosses branches de façon à concentrer la sève sur un espace moindre.

Ces nettoyages d'écorce ont l'avantage de chasser de leurs retraites une quantité d'insectes qui vivent aux dépens des arbres.

## V.

### Des arbres soumis à la Taille.

#### 1° *Formes que l'on donne aux arbres.*

Les arbres fruitiers sont, comme vous le savez déjà, soumis à deux principaux modes de conduite : ou bien on les laisse croître en liberté, ainsi que cela se passe dans le verger ; ou bien on les soumet à la taille, et alors ils reçoivent des formes variées.

Deux dipositions seulement sont adoptées pour les arbres de verger, qui sont toujours à haute tige : on les élève en pyramides ou en têtes. La forme pyramidale est spéciale à certaines variétés de poiriers. La forme en tête est la plus générale ; elle s'emploie pour le pommier, le prunier et le cerisier.

Quant aux arbres à basse tige, on les conduit sous des formes très diverses, pouvant presque varier avec la fantaisie de chacun. Nous n'étudierons que les plus recommandables, qui sont en somme peu nombreuses ; et, pour me faire mieux comprendre, nous examinerons ensemble les arbres du jardin de l'École.

Ici, de chaque côté de cette allée qui traverse le terrain et le divise en deux parties à peu près égales, vous voyez des *pyramides* ou *cônes*, et des *colonnes* ou *fuseaux*. Entre ces arbres sont des *vases* et des *buissons*, puis, en avant, des *cordons horizontaux*.

La forme en pyramide (fig. 27), celle à laquelle ce poirier est soumis, se compose, comme vous le voyez, d'une tige centrale, dirigée verticalement et appelée *axe*. A partir d'environ 30 centim. du sol, naissent de tous côtés des branches *secondaires* ou latérales, espacées entre elles de 30 à 35 cm., et de plus en plus petites à mesure qu'elles sont situées plus haut sur l'axe. Le diamètre du cercle formé par l'ensemble des branches de la base est d'environ la moitié de la hauteur de la pyramide.

Remarquez que les branches latérales sont distribuées aussi régulièrement que possible le long de l'axe, et qu'elles ne se gênent pas mutuellement : c'est là une condition de bonne conformation. Il existe une forme particulière de pyramide dans laquelle cette condition est encore mieux observée : c'est

Fig. 27. — Poirier pyramide.

la *pyramide à ailes*, qui a ses branches secondaires étagées régulièrement les unes au-dessus des autres en quatre ou cinq séries. Sur les branches latérales se trouvent, comme vous pouvez le voir, de petits rameaux courts et taillés, le plus souvent portés sur des sortes de renflements irréguliers provenant de coupes successives. C'est ce qu'on appelle des *coursons* ou *coursonnes*. Les fruits viennent sur ces courtes ramifications.

La pyramide convient surtout au poirier. Il n'est pas rare cependant de rencontrer des cerisiers, des pruniers et surtout des pommiers élevés sous cette forme, à laquelle on reproche de tenir beaucoup de place. En revanche, elle produit abondamment et dure longtemps.

Voici une *colonne* ou *fuseau* (fig. 28). Comme dans le cône, il y a un axe central; mais les branches latérales sont maintenues très courtes. Cette forme s'applique également au poirier, et aussi beaucoup au pommier; elle dure moins longtemps que la pyramide; toutefois, ne tenant guère de place, elle est à recommander pour les jardins de peu d'étendue, où elle peut être admise sans grand inconvénient dans les plates-bandes.

Fig. 28. — Fuseau ou colonne.

Entre ces deux pyramides, vous voyez un pommier en *vase*. Les branches, espacées l'une de l'autre d'environ 30 cm., sont maintenues à leur place au moyen de quatre perches fichées verticalement et reliées entre elles par des cerceaux. Tout cela pourrait être en fer, et ne coûterait pas beaucoup plus cher, mais durerait beaucoup plus longtemps. Cette forme se prête parfaitement à la circulation de l'air et de la lumière; elle permet aussi de soigner sans peine les branches, qui rapportent généralement de très beaux fruits, mais qui nécessitent une grande attention, parce qu'il faut les surveiller pour les empêcher de pousser plus fort les unes que les autres. Le vase convient aussi bien au poirier qu'au pommier.

Devant vous sont des pommiers très nains en *buissons*. Cette forme est peu gênante, facile à traiter et donne de belles récoltes, à la condition qu'on empêche la confusion des branches, en les tenant suffisamment espacées les unes des autres. On doit chercher à l'évaser en entonnoir. Recommandable pour les petits arbres quand on n'a pas beaucoup de place, ni beaucoup de loisirs à leur consacrer, le buisson est la forme préférée pour le groseillier.

Le *cordon horizontal* (fig. 29) est aussi une excellente forme naine, qui donne de magnifiques résultats; elle tient bien peu de place, et elle constitue une bordure agréable le long des allées. Comprenant une seule tige dirigée d'abord de bas en haut (*a*), puis coudée à une certaine hauteur pour être palissée

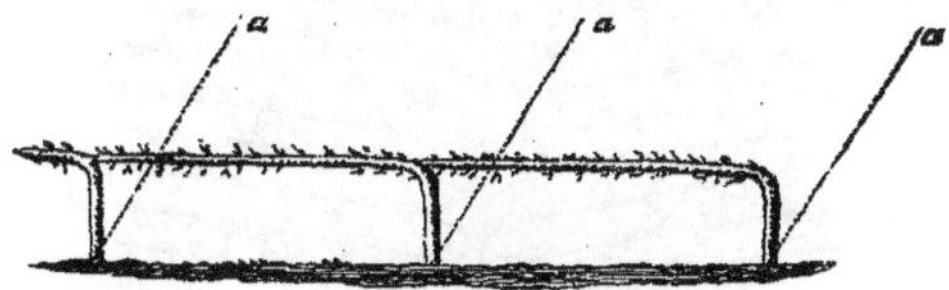

Fig. 29. — Pommiers en cordon horizontal.

horizontalement sur un fil de fer, le cordon horizontal porte, en dessus et par côté, des coursons maintenus très courts. L'installation en est simple et fort peu coûteuse : il suffit d'un fil de fer tendu à 0m40 du sol, et supporté de place en place par des piquets. On pourrait faire le cordon à deux bras, un de chaque côté; mais je le préfère unilatéral, c'est-à-dire à une seule branche, parce qu'il est ainsi plus simple et d'une conduite plus facile. On peut aussi étager deux ou trois cordons l'un au-dessus de l'autre, en les mettant à 0m25 de distance verticale. On donne aux cordons 2 ou 3 mètres de parcours. Lorsqu'ils viennent à se toucher, on peut les souder à la suite les uns des autres au moyen de la greffe en approche; mais ce procédé ne me paraît pas recommandable.

La forme en cordon s'applique surtout au pommier greffé sur paradis; elle convient aussi au pommier sur doucin, dans les terrains médiocres, et aux variétés de poiriers peu vigoureuses, greffées sur coignassier.

Contre ce mur, nous avons une *palmette simple*. Elle se compose d'une tige centrale, sur laquelle naissent, à droite

et à gauche et à partir d'environ $0^{m}30$ au-dessus du sol, des branches latérales distribuées régulièrement, et distantes de 25 à 30 cm. les unes des autres (fig. 30). La palmette peut s'appliquer à toutes les espèces d'arbres cultivées contre les murs; c'est une des meilleures formes.

Au lieu d'un seul axe, il pourrait y en avoir deux, distants de

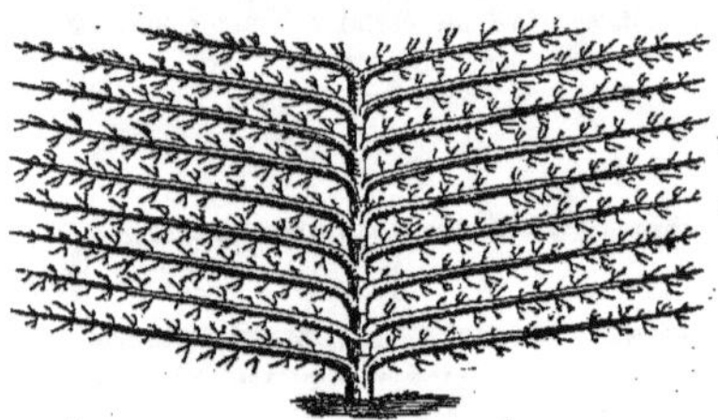

Fig. 30. — Palmette simple.

30 cm. Ce serait la *palmette double*. En ce cas, chacune des deux tiges verticales n'aurait de branches secondaires que d'un seul côté.

On a imaginé de relever verticalement les branches de la palmette à leur extrémité. Cette disposition particulière, dite *palmette Verrier*, est préférable à celle de la palmette ordinaire, parce qu'elle facilite la circulation de la sève. Voici une palmette Verrier à 6 branches, une autre à 8; on en fait également à 7, 10, 12 branches et même davantage. Quand le nombre en est réduit à 3, 4, 5 ou 6, on dit plus souvent que la forme est en *candélabre* (fig. 32). S'il n'y a que deux branches, c'est un U (fig. 31); une seule branche, c'est un *cordon vertical*.

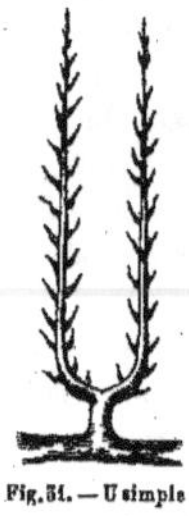

Fig. 31. — U simple

Toutes ces formes à branches verticales, palmettes, candélabres, U et cordons, sont très bonnes pour les murs suffisamment élevés, pourvu que l'on proportionne le nombre des branches à la vigueur du sujet.

Quelquefois les cordons sont dirigés en serpenteaux; on les appelle alors *cordons sinués*. Cette dernière forme est toute de fantaisie, et vous ne l'adopterez que si vous avez beaucoup de loisirs à consacrer à vos arbres.

Le cordon horizontal et le cordon vertical sont les formes les plus généralemànt adoptées pour la vigne en treilles. Dans ce cas, le cordon vertical est dit souvent *palmette*, tandis que le cordon horizontal reçoit le nom de cordon *à la Thomery*.

Pour les treilles, on dispose les cordons horizontaux de 50 en 50 centimètres dans le sens vertical, de manière à bien garnir la surface.

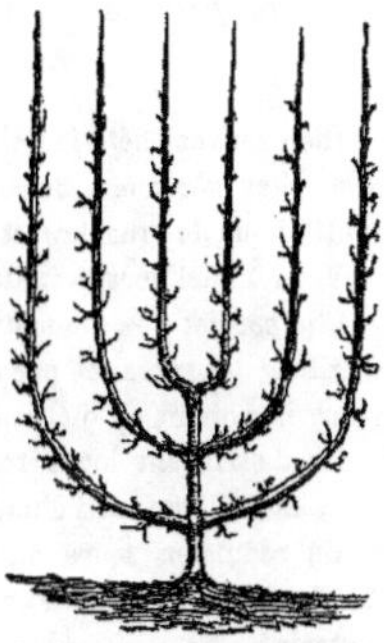

Fig. 52. — Candélabre à six branches.

Le cordon vertical de vigne porte ses coursonnes de chaque côté d'un axe palissé verticalement. Lorsque le mur a une hauteur de plus de trois mètres, on adopte les cordons à ceps alternés : les uns garnissent le bas et les autres le haut du mur. Cette disposition a l'avantage de couvrir plus rapidement la surface à utiliser.

Au lieu de palisser les branches des arbres contre un mur, on pourrait aussi le faire sur des lattes supportées en plein jardin par des fils de fer tendus sur des poteaux en bois ou en fer à T. On aurait ainsi un *contre-espalier*, dont le meilleur emplacement serait de chaque côté de l'allée principale. Le mode de culture en contre-espalier, qui admet surtout les cordons verticaux, formes en U et palmettes-candélabres, est assurément l'un des meilleurs. Malheureusement, l'établissement d'un contre-espalier coûte toujours fort cher.

On a imaginé de faire des formes à branches renversées. Je

ne vous en parlerai que pour mémoire, parce que je suis d'avis qu'il faut les laisser aux amateurs et aux arboriculteurs de profession.

*2° De la Taille des Arbres fruitiers. — A quoi elle sert — Sur quoi elle porte.*

Bien souvent déjà je vous ai parlé d'arbres taillés, et vous vous êtes sûrement demandé pourquoi ces suppressions, ces mutilations de branches et de rameaux.

Voici à quoi sert la taille.

Elle permet : en soumettant les arbres à des formes aplaties, d'utiliser les murs, et par suite de cultiver des fruits que l'on ne pourrait obtenir en plein air;

En distribuant leurs rameaux suivant un plan raisonné, de tirer le meilleur parti d'une surface donnée;

En réduisant leurs dimensions, d'en réunir le plus grand nombre possible, et d'avoir une collection dans un espace restreint.

Elle hâte et régularise la production fruitière. Laissés à eux-mêmes, les arbres ne donnent pas du fruit tous les ans; ils se reposent de temps à autre : par une taille raisonnée, on évite cette stérilité temporaire et presque périodique, et l'on règle en quelque sorte la récolte.

Les arbres taillés sont plus précoces au rapport que les arbres non taillés, car la taille a des procédés pour les mettre à fruit. Les produits sont aussi plus beaux, meilleurs et mûrissent souvent plus tôt.

La taille est donc très utile; mais elle ne donne de tels résultats qu'à la condition d'être pratiquée en connaissance de cause, avec intelligence et discernement.

En étudiant chaque espèce fruitière en particulier, je vous parlerai du traitement à lui faire subir au point de vue de la taille. Mais il est des indications générales qu'il vous sera utile de connaître dès maintenant.

Dans un arbre taillé, il faut considérer deux choses, la *charpente* et la *branche coursonne*.

La charpente est en quelque sorte le squelette de l'arbre ; c'est elle qui détermine les formes.

L'extrémité des branches de charpente en est appelée le *prolongement*. Chaque année le prolongement fournit un certain nombre de coursonnes.

Les coursonnes sont portées par les branches de charpente, et donnent les branches fruitières. Toujours maintenues très courtes sur les arbres taillés, elles sont soumises à un traite ment raisonné qui a pour but de les amener à produire, et de les maintenir en bon état de production. Les coursonnes doivent être distribuées régulièrement et sans interruption sur les branches de charpente.

Toutes les pousses, appelées *bourgeons* lorsqu'elles sont jeunes et tendres, *rameaux* après un an de végétation, *branches* lorsqu'elles ont elles-mêmes donné des rameaux, toutes les pousses, dis-je, sont fournies par les *yeux*, lesquels se trouvent à l'aisselle des feuilles.

Les yeux ne se développent, le plus souvent, que l'année d'après leur apparition; quelquefois cependant ils poussent la même année en *faux-bourgeons* ou *bourgeons anticipés*, d'autres fois ils restent sans pousser et finissent par s'annuler.

Dans nos arbres fruitiers, les yeux ont très généralement à leur base, et un de chaque côté, deux yeux beaucoup plus petits dits *sous-yeux*, yeux *supplémentaires*, ou yeux *stipulaires*. Les yeux supplémentaires ne se développent que lorsque l'œil principal est détruit ou contrarié dans son accroissement.

Il est encore d'autres yeux très peu apparents, disséminés sur le vieux bois, à l'endroit des coudes, des nœuds, des rides, etc., et ne se développant que par suite d'une taille courte, d'une entaille, ou de toute autre opération qui a pour effet de leur fournir plus de sève. On les appelle yeux *latents*, et quelquefais, yeux *adventifs*.

Le renflement que l'on observe à l'insertion d'un rameau ou d'une branche est dit *empatement*.

Il est des bourgeons qui prennent un développement considérable, exagéré par rapport à celui de leurs voisins. Ce sont les *gourmands*, que je vous ai déjà signalés et que vous reconnaîtrez toujours facilement à leur vigueur exceptionnelle, à leur gros empatement, à la faiblesse et à l'éloignement de leurs yeux de base. On les voit surtout apparaître en dessus des branches, et particulièrement sur les coudes.

Au contraire, sur les branches de charpente, d'autres bourgeons restent toujours faibles et donnent des rameaux, les uns grêles, allongés et flexibles : ce sont les *brindilles;* les autres très courts, terminés par un œil pointu accompagné d'une rosette de feuilles : ce sont les *dards*.

Enfin, certains yeux, au lieu de se développer en bourgeons, grossissent, s'arrondissent et donnent des fleurs; on les appelle *boutons*.

Ainsi, le bouton est à fleur, et l'œil est à bois.

Le bouton peut fleurir au bout d'un an : c'est ce qui arrive pour les arbres à fruits à noyau; dans ce cas, il ne donne jamais qu'une fleur.

Il peut aussi mettre deux, trois, quatre ans pour arriver à son complet développement : c'est ce qui a lieu pour les fruits à pepins, dont les boutons donnent toujours plusieurs fleurs. Cependant par exception, et par suite d'un état particulier de l'arbre, le bouton des espèces à pepins se forme quelquefois complètement sur le bois de l'année.

Le dard fournit presque toujours un bouton; à cet état, il est dit *lambourde*; la brindille en fournit aussi, soit spontanément, soit à la suite d'un traitement spécial.

Lorsque le fruit est récolté, il laisse, à son point d'attache, un renflement appelé *bourse*, garni de petits yeux qui se transforment presque toujours en dards ou en brindilles. Les bourses sont donc précieuses pour la production fruitière.

Dans la vigne, l'œil, souvent appelé *bourre*, donne un bourgeon pourvu de fruits. C'est une particularité spéciale à cette espèce fruitière.

J'en ai fini avec cette énumération un peu aride ; j'ai cru nécessaire de vous la donner, afin de vous fixer sur le sens de certains mots d'un usage courant en arboriculture fruitière.

Vous avez compris que notre principal but, dans la culture des arbres, est d'obtenir ces boutons qui portent en eux les fleurs et les fruits et sont l'espoir de la récolte future.

La taille a précisément en vue cette production. Elle s'applique :

1° aux branches de charpente en ce qui concerne leur prolongement ;

2° aux coursonnes, c'est-à-dire aux pousses qui se développent sur ces branches : rameaux ordinaires, gourmands, branches fruitières, brindilles, dards et bourses.

### 3° *Quelques mots sur les principales opérations appliquées aux arbres taillés.*

**Coupes.** — La serpette est l'outil qui convient le mieux pour toute espèce de coupe, parce qu'elle donne des plaies nettes et se cicatrisant facilement. Mais à moins d'une grande habitude, elle est moins expéditive que le sécateur, qui a l'inconvénient, si bien fait soit-il, de comprimer, d'écraser toujours un peu l'un des côtés de la coupe. Quand on se sert du sécateur, il faut observer de tenir le croissant en dessus, afin de diminuer les risques de meurtrissure. Quelques arboriculteurs proscrivent absolument cet outil ; ils me paraissent trop exclusifs. Je ne vous défendrai le sécateur que pour tailler les prolongements, qu'il faut toujours couper à la serpette.

Lorsqu'on taille, la coupe doit se faire à quelques millimètres au-dessus de l'œil, un peu obliquement, et suivant un biseau arrondi, opposé à cet œil, afin de permettre à la sève et à l'eau de s'écouler sans inconvénient pour lui. La partie comprise entre l'œil et la pointe du biseau est dite *onglet.*

Dans les espèces à bois dur, poirier, pommier, pêcher, etc., on ne laisse à l'onglet que 1 ou 2 millimètres ; au contraire, pour la vigne et les autres espèces à bois tendre, peu consistant, on laisse de 8 à 10 millim. C'est que, sous l'influence de l'air, de la pluie et du soleil, la plaie se fendille et se dessèche souvent : si elle était faite trop près de l'œil, le dessèchement pourrait gagner celui-ci. En taillant trop court, on risquerait d'ailleurs de l'éventer, c'est-à-dire de le faire périr. L'onglet est supprimé à la taille suivante.

**Rapprochement.** — Lorsqu'une coursonne est trop allongée, on profite de la sortie de bourgeons à sa base pour la raccourcir. Alors même qu'il n'apparaît pas de bourgeons, on raccourcit encore quelquefois en taillant sur les rides : c'est le *rapprochement*, fort usité dans le traitement de la vigne pour rajeunir les ceps ou les coursonnes. On rapproche encore quand, pour une cause ou l'autre, la trop grande vigueur ou bien le dépérissement d'un prolongement, il est nécessaire de raccourcir l'extrémité d'une branche de charpente. On taille alors sur un œil ou un bourgeon convenablement situés.

Le rapprochement a presque toujours pour effet de provoquer la sortie des yeux latents. Il est une bonne ressource pour refaire les arbres mal conformés.

**Ravalement.** — Opération plus radicale que la précédente, le ravalement consiste à supprimer jusqu'à leur naissance les branches latérales d'un arbre. On raccourcit l'axe en même temps. Des bourgeons ne tardent pas à se développer autour des plaies. On choisit les plus convenables, et l'on reconstitue promptement l'arbre, à la condition qu'il ait encore assez de vigueur.

On a recours à ce procédé pour renouveler les charpentes défectueuses ou en partie détruites.

En même temps que l'on coupe les branches, on a soin d'enlever toutes les vieilles écorces, afin de favoriser la sortie des yeux ; l'arbre se trouve bien aussi d'un badigeon au lait de chaux.

**Recépage.** — Recéper un arbre, c'est le rabattre jusque vers le collet s'il n'est pas greffé, ou à quelques centimètres de l'insertion du greffon s'il en existe un. On est obligé de recourir à ce moyen extrême quand la tige d'un arbre est gravement atteinte; à la suite du rigoureux hiver de 1879-80, le recépage a rendu de très grands services et a permis de refaire promptement des arbres qui auraient été perdus si l'on n'avait pas appliqué ce moyen. On se sert naturellement, pour reconstituer la charpente, des pousses qui se développent sur le tronçon; celui-ci doit toujours être coupé obliquement, pour éviter le séjour de l'eau sur la plaie. Les bourgeons, qui ne tardent pas à se montrer à l'entour, sont en général très vigoureux.

Il va de soi que les coupes, pour peu qu'elles aient de surface, doivent être recouvertes d'un ingrédient qui en empêche le dessèchement et en facilite la cicatrisation. On se sert de mastic à greffer, et quelquefois de goudron de houille.

**Entailles et incisions.** — Sur les arbres taillés, il est souvent nécessaire de provoquer le développement d'un œil, ou de modérer la vigueur d'un rameau. Les entailles et incisions atteignent ce double but.

L'entaille consiste dans l'enlèvement d'une portion de tige ou de branche en forme de coin. Elle pénètre un peu dans l'aubier.

On fait l'entaille en dessus d'une branche quand on veut lui donner de la vigueur, et en dessous, dans son empatement, quand on veut au contraire l'affaiblir.

Les entailles sur les arbres à fruits à noyau provoquent la gomme.

L'entaille se fait quelquefois au-dessus des yeux; mais pour ceux-ci, on a plus souvent recours à l'incision, moyen moins énergique, mais qui suffit, dans la plupart des cas, pour provoquer la sortie du bourgeon.

Pour la faire, on appuie simplement la lame de la serpette ou du greffoir à 3 ou 4 millim. au-dessus de l'œil, de manière à interrompre les canaux de la sève, sans pénétrer dans le bois.

Ce genre d'incision est d'un usage très fréquent; on l'appelle *incision transversale*, pour la distinguer de l'*incision longitudinale* que nous avons déjà appliquée aux arbres à haute tige dans le but de débrider l'écorce trop serrée.

Quelquefois on fait une double incision circulaire, pour enlever le lambeau d'écorce, en forme d'anneau, compris entre les deux incisions. Ce mode est recommandé pour empêcher la coulure du raisin. On pratique l'*incision annulaire* au-dessous de la grappe. Sa largeur ne doit jamais dépasser un centimètre.

**Arcure.** — Sur les arbres très vigoureux et lents à se mettre à fruit, on courbe quelquefois les branches de haut en bas, de manière à leur faire décrire un arc, et on les attache dans cette position. C'est un puissant moyen de faire fructifier les sujets rebelles; mais il ne faut pas en abuser, sous peine de les épuiser promptement. On ne doit du reste y avoir recours que lorsque les autres procédés sont restés sans résultat.

**Palissage et tuteurage.** — Il est nécessaire de palisser : 1° toutes les branches de charpente des espaliers et contre-espaliers; 2° les pousses que l'on tient à conserver et qui se rompraient si elles n'étaient soutenues ; 3° les bourgeons du pêcher et de la vigne.

Le palissage de la charpente se fait à l'époque de la taille, au moyen d'osiers. Les ligatures s'appliquent toujours de préférence sur les coudes, afin de les amoindrir en les comprimant. Si l'on craint que le contact d'une latte ou d'un fil de fer occasionne une blessure au point d'attache, on interpose un tampon de drap, ou mieux de cuir.

Au fur et à mesure qu'ils se développent, les bourgeons sont palissés au jonc ; il ne faut pas les attacher trop jeunes : ce serait les contrarier et peut-être même les arrêter dans leur croissance.

Nous avons vu, à propos des soins à donner aux greffes, comment on attache les bourgeons du greffon. Quant à ceux du pêcher et de la vigne, nous apprendrons, en traitant de ces espèces, combien le palissage en est utile.

On tuteure les jeunes arbres pour leur donner une bonne direction. Nous savons de quelle façon il faut procéder.

**Effeuillage.** — Afin d'obtenir une plus belle coloration des fruits, on enlève quelquefois les feuilles qui feraient obstacle à l'action du soleil. Cela se fait particulièrement sur les vignes en treilles et sur les pêchers, et seulement lorsque le fruit a atteint tout son développement. Il faut du reste procéder successivement et avec précaution; une transition trop brusque nuirait au fruit.

J'ai vu l'effeuillage pratiqué sur les pommiers d'Api et les poiriers de Belle-Angevine : on récoltait ainsi des fruits d'une magnifique coloration.

**Éclaircie.** — Lorsque les fruits sont trop abondants, ils épuisent les arbres et n'acquièrent pas toute leur beauté et leur qualité. Aussi, dans les jardins bien tenus, enlève-t-on, sur les arbres taillés, tous les fruits surabondants. Il conviendrait par exemple de ne conserver que deux grappes au plus sur chaque coursonne de vigne, deux pêches sur chaque coursonne de pêcher, etc.

Il faut attendre, pour enlever les fruits à supprimer, que la chute de ceux qui sont véreux ou malades soit passée. Pour le pêcher, on n'éclaircit pas avant que le noyau soit formé.

**L'éborgnage, l'ébourgeonnement, le pincement et la taille en vert** sont encore des opérations que l'on fait subir aux arbres taillés. Je vous en parlerai en traitant de chaque espèce en particulier.

**Opérations d'hiver et opérations d'été.** — Les diverses opérations dont il vient d'être question se font à deux époques bien distinctes.

La taille proprement dite ou *taille en sec,* le rapprochement, le ravalement, le recépage, les entailles et incisions, l'arcure et l'éborgnage se pratiquent pendant le repos de la végétation, soit de novembre à fin mars : on les appelle pour cela *opérations d'hiver*. Elles ne doivent pas avoir lieu par les fortes gelées, parce qu'alors elles seraient très nuisibles aux arbres. Une taille tardive faite lorsque la végétation est entrée en mouvement, a pour effet d'affaiblir les arbres en occasionnant des déperditions de sève. Aussi ne convient-elle pas aux arbres faibles, ni même aux arbres vigoureux et en bon état de production. Elle est au contraire avantageuse pour mettre à fruit les arbres peu fertiles ou stériles par excès de vigueur.

L'effeuillage, l'éclaircie, l'ébourgeonnement, le pincement et la taille en vert se pratiquent pendant le cours de la végétation : ce sont les *opérations d'été.*

## VI.

## Établissement du Jardin fruitier.

### 1° *Tracé et distribution.*

Le nom de Jardin fruitier, que l'on pourrait appliquer au Verger, est plus spécialement réservé au Jardin planté d'arbres soumis à la taille.

Les plantations composées exclusivement d'espèces fruitières, c'est-à-dire les jardins fruitiers proprement dits sont rares. Dans nos cultures, les arbres sont le plus souvent associés aux légumes ; c'est ce que l'on appelle le *Potager-Fruitier*. Les arboriculteurs disent qu'il vaudrait mieux cultiver à part les légumes et à part les fruits, parce que les arbres nuisent aux légumes et réciproquement. Toutefois nous ne nous occuperons que du Potager-Fruitier, parce que ce mode mixte est en somme le plus usité, et qu'il nous permettra de tirer le meilleur parti de notre terrain. Nous prendrons d'ailleurs toutes nos précautions pour parer, autant que faire se pourra, aux inconvénients qui peuvent résulter du voisinage des arbres et des légumes.

Les conditions à réunir dans l'établissement du Potager-Fruitier sont les mêmes que pour le Verger en ce qui concerne la nature du sol, la situation et l'exposition. Vous savez que les meilleures expositions sont celles de l'Est et du Sud, et les plus mauvaises celles du Nord.

Autant que possible le Potager-Fruitier doit être enclos de murs, au moins du côté du Nord et du côté de l'Ouest. Les haies vives sont la moins bonne des clôtures, parce qu'elles servent de refuge à une quantité d'insectes, et que leurs racines nuisent aux cultures. Cependant, entre voisins, on pourrait avantageusement admettre les haies fruitières, celles de mirabelliers, par exemple. Il serait mieux encore de construire un treillage léger, une sorte de contre-espalier de 1m50 à 2 m. de hauteur, fait de lattes serrées, distantes de 8 ou 10 cm. par exemple, de façon à ne pas permettre le passage d'une main indiscrète. La dépense ne serait pas considérable, et ne tarderait pas à être couverte par le produit des arbres nains, poiriers sur coignassier, pommiers sur paradis, que l'on pourrait élever contre cette utile palissade.

Une allée de ceinture, large de 1 mètre environ, doit faire le tour du jardin. Si celui-ci est clos de haies, l'allée se trace sur la limite ; s'il est entouré de murs, on laisse une plate-bande de 2 m. le long de ceux d'exposition Sud et d'exposition Est; de 1m50 le long de ceux d'exposition Ouest, et de 1 m. contre ceux d'exposition Nord; si ce sont des palissades ou des treillages, il suffit également de 1 mètre de plate-bande. Il ne faut d'ailleurs jamais négliger d'installer des plates-bandes dans les endroits bien exposés et bien abrités : c'est là qu'on récoltera de bonne heure les radis, laitues, carottes, petits pois, etc.

Suivant la surface dont on dispose, on se contente de cette allée de ceinture, ou bien on en trace d'autres, soit une ou deux allées transversales si le terrain est long et étroit, soit une allée transversale et une longitudinale, soit davantage encore selon l'étendue du terrain.

Quel que soit le tracé que l'on adopte, la surface doit être autant que possible divisée en carrés, en rectangles, ou tout au moins en parcelles se rapprochant le plus possible de ces figures élémentaires. Le terrain qui se trouve en dehors des limites du tracé régulier ne reste pas inutile, cela va de soi : il sert à des plantations de gros légumes, d'arbustes fruitiers, d'arbres à demi-tiges, etc.

Voici deux exemples de distribution s'appliquant à des terrains de surface différente : le premier a 12 ares, et le second en a 20. Il s'agit d'y cultiver à la fois les légumes et les arbres fruitiers.

*Premier Exemple :* Surface 12 ares. — Longueur 60 m., largeur 20 m. (fig. 33).

Ici quatre murs seraient non-seulement un luxe, mais une gêne, parce que le jardin se trouverait trop encaissé. Le mieux que nous puissions souhaiter, c'est d'en avoir seulement deux, aux bonnes expositions. Une allée médiane dans le sens de la longueur aurait l'inconvénient de donner des compartiments trop étroits. Nous nous contenterons d'une allée de ceinture et de trois allées transversales. Si nous n'en sommes pas empêchés par quelque cause, le voisinage par exemple, nous pourrons installer une ligne de poiriers en pyramides ou en colonnes alternant avec des pommiers en colonnes, vases ou buissons, le tout au milieu d'une plate-bande de 2 m. à 2 m. 50 longeant l'allée O'P', (fig. 33) du côté de l'intérieur.

Si cette installation n'est pas possible, nous consacrerons aux arbres le premier carré A, (fig. 33) en ayant soin de placer le plus loin du mur les formes les plus élevées. N'oublions pas que, pour ne pas nuire aux espaliers, une pyramide doit être toujours à 7 ou 8 mètres des murs, distance minima.

Toutes nos allées, sauf dans les plates-bandes touchant aux murs, c'est-à-dire, sur le plan, *m n* et *m* P (fig. 33) seront bordées de pommiers en cordons, plantés à 10 ou 12 cm. du bord. Les allées tranversales pourront être ornées de fleurs dans des plates-bandes larges d'environ un mètre.

Il va de soi que si nous avons, en O *n* et O P, des clôtures en contre-espalier, nous ne manquerons pas de les utiliser.

Avec une égale largeur et une plus grande longueur, le tracé resterait le même, à cette différence près que l'on augmenterait le nombre des allées transversales.

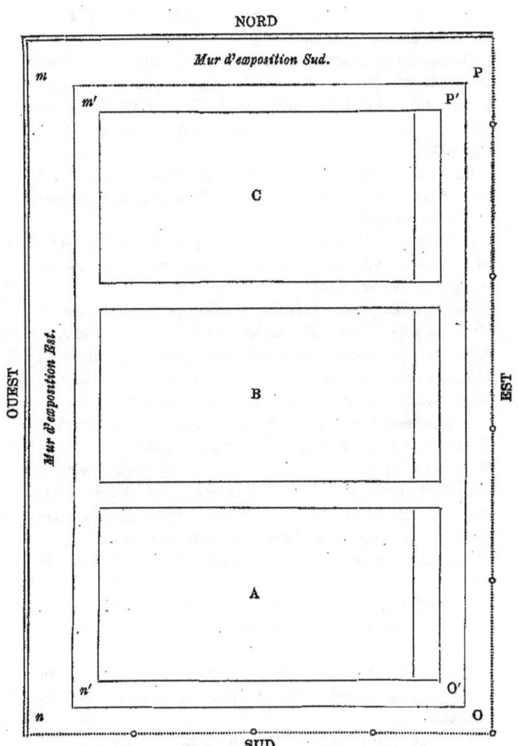


*Échelle de 0,004 pour un mètre.*

Fig. 33. — 1er Exemple de tracé de jardin, pouvant s'appliquer à une surface d'une dizaine d'ares.

*Deuxième Exemple :* 20 ares de surface : 50 m. de longueur et 40 m. de largeur. (Fig. 34).

Comme précédemment, deux murs seulement à souhaiter. Toutefois une clôture complète de ce genre pourrait parfaitement s'admettre, à la condition que la muraille à l'est du terrain ne soit pas trop élevée, qu'elle ait par exemple $1^m30$ ou $1^m50$.

En outre de l'allée de ceinture, deux allées se coupent à angle droit au milieu du terrain ; elles sont bordées de plates-bandes larges de 2 m. environ.

Les plates-bandes des allées AB et CD (fig. 34), sont plantées en pyramides, colonnes, vases ou buissons ; un contre-espalier conviendrait encore mieux.

Une ligne de pyramides, cônes et vases, pourrait être installée le long de l'allée A'B', en bordure des carrés B'C et A'C. En ce cas, les plates-bandes AB et CD seraient plantées en formes naines. Des cordons occuperont d'ailleurs le bord de toutes les allées, sauf, comme je l'ai dit, du côté des murs.

Ce tracé serait également applicable à une surface plus considérable, de 30, 50, 60 ares par exemple. On ferait en sorte de déterminer des carrés de 20 à 25 m. de côté, et pour cela, on admettrait quatre, cinq, six allées transversales, et deux longitudinales, plus ou moins suivant la forme du terrain. Pour les jardins de ce genre, les allées principales doivent être accessibles aux voitures, c'est-à-dire mesurer de $1^m50$ à 2 m. de largeur.

Lorsqu'il s'agit de construire des murs de direction Nord-Sud, on fait bien, si on le peut, de les bâtir à $1^m50$ ou 2 m. dans l'intérieur de son terrain, au lieu de les placer tout à fait à la limite. On peut ainsi utiliser les deux faces, ce qui est un grand avantage. Comme clôture définitive, on adopte alors la palissade.

Voici de quelle manière on peut garnir les murs suivant leur exposition :

Est : vigne, pêcher, poirier, pommier *Calville*, abricotier.

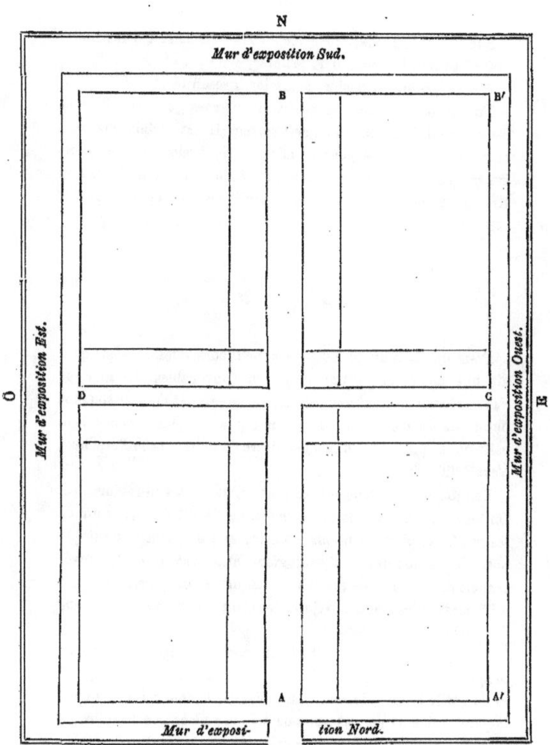


Fig. 54. — 2e Exemple de tracé de jardin, pouvant s'appliquer à une surface de 20 à 30 ares.

Sud : vigne, pêcher, quelques variétés de poirier délicates.

Ouest : poirier, pommier, prunier, cerisier.

Nord : prunier, cerisier, pommier, groseillier.

Tels sont les préceptes généraux qui vous guideront dans la distribution du jardin Potager-Fruitier. Il est certain que dans bien des cas vous ne pourrez adopter rigoureusement les plans types que je mets sous vos yeux. Vous pourrez du moins en tirer d'utiles indications, vous permettant de bien employer vos ressources.

### 2° *Des Murs, Abris et Treillages.*

Pour qu'un mur produise ses meilleurs effets, il faut qu'il ait une épaisseur et une élévation convenables. La hauteur varie nécessairement avec les circonstances, et l'on est souvent obligé de se contenter de ce que l'on a. La plus satisfaisante, celle qui se prête le mieux à la culture de toute espèce d'espalier, c'est 2m50 à 3 m.

Les murs en pierre sont les plus solides et les plus durables. On leur donne une épaisseur moyenne de 0m30; on a soin de les jointoyer et de les crépir, de manière à empêcher autant que possible les insectes de s'y réfugier. On les recouvre d'un revêtement de tuiles ou de pierres plates, débordant en saillie de 12 à 15 centimètres, afin de rejeter les eaux en avant; c'est ce que l'on appelle le *chaperon*.

Lorsque la pierre fait défaut, on emploie la brique. Faute de brique, on se sert quelquefois de carreaux faits de terre glaise et de paille hachée, le tout bien mélangé et séché au soleil : c'est le *pisé*, qui doit être soutenu de place en place par des piles de pierre ou de brique. Les murs en pisé ne peuvent être faits bien hauts; ils ne sauraient guère dépasser 1m50 à 2 m., à moins d'être d'une grande épaisseur.

A 0m05 au-dessous du chaperon, on scelle, à des distances

variables, le plus souvent de mètre en mètre, des *potences* ou *consoles*.

Les consoles se font en bois ou mieux en fer. On leur donne une longueur de 0$^{m}$60, et une inclinaison d'environ 30°. Elles servent à supporter des *auvents*, planches ou paillassons que l'on fixe en dessus, de manière à abriter les arbres contre le rayonnement, les pluies froides et les giboulées d'avril-mai.

Lorsque les gelées tardives sont fortes, les auvents ne suffiraient pas à garantir les espaliers; on tend alors quelquefois des toiles en avant des murs.

Afin de pouvoir palisser les arbres contre les murs, on les garnit de treillages, que l'on fait tout en bois, ou tout en fil de fer, ou encore en se servant de l'un et de l'autre. Les treillages en bois coûtent cher et sont assez promptement hors de service, à moins d'être en chêne, ce qui occasionne une grande dépense. Ceux de fil de fer conviennent moins pour le palissage, parce que le contact du métal occasionne souvent des plaies sur les arbres à la suite de frottements.

Le mieux est d'adopter le treillage mixte, composé de fils de fer supportant des lattes.

On emploie le fil de fer galvanisé N° 16 ou N° 17 qu'il faut choisir de première qualité; il est tendu sur des pitons également galvanisés, scellés dans le mur à cinq mètres les uns des autres, et disposés de telle sorte qu'ils se correspondent de deux en deux dans le sens vertical, et que ceux d'une ligne quelconque alternent avec ceux de la ligne suivante. Le fil de fer de chaque ligne est maintenu raidi au moyen de petits appareils spéciaux appelés *raidisseurs*, dont l'un des plus commodes est le raidisseur Collignon d'Ancy.

Les lattes qui conviennent le mieux sont celles de pin ou de sapin débité à la scie. On leur donne une largeur d'un centimètre et demi, et une épaisseur de 1 cm.; pour le pêcher, il suffit de tringles carrées de 1 cm. de côté. Il faut avoir soin, pour en assurer la durée, de les sulfater, ou mieux de les recouvrir d'une bonne couche de couleur verte.

Les consoles se peignent également en vert, après avoir été d'abord peintes au minium.

La vigne peut se passer de lattes ; de simples fils de fer lui suffisent, surtout lorsqu'elle est conduite en cordons à la Thomery.

Voici, suivant les espèces cultivées, à quelle distance on met les fils de fer, qui sont tendus horizontalement, et les lattes, qui sont fixées verticalement :

| | Distance entre les fils de fer. | Dist. entre les lattes. |
|---|---|---|
| Poirier . . . . . . . | 50 à 60 cm. . . . . | 25 à 30 cm. |
| Pommier. . . . . . . | id. . . . . . . | id. |
| Abricotier, Prunier, Cerisier | id. . . . . . | id. |
| Pêcher . . . . . . . | id. . . . . | 8 à 10 cm. |
| Vigne en palmette verticale | id. . . . . | 15 à 20 cm. |
| Vigne en cordon à la Thomery | 25 cm. | |

Lorsqu'on a affaire à des murs de terrasse, on peut les utiliser pour des espaliers, mais à la condition de tenir le treillage à 15 ou 20 cm. en avant de la paroi, afin que les arbres ne souffrent pas de l'humidité habituellement fournie par ce genre de murailles. Pour éloigner le treillage, on le suspend à des barres de fer scellées dans le mur. Ces supports se mettent, comme les pitons, à 5 mètres les uns des autres, en alternant ceux de chaque ligne avec ceux de la ligne voisine.

Les treillages des contre-espaliers s'établissent de même que ceux des espaliers. Ici les fils de fer sont supportés par des poteaux distants de 5 ou 6 mètres. On se sert généralement de fer à T de $0^{m},04$ pour les poteaux d'extrémités, et de $0^{m},03$ pour ceux d'intervalles. On les scelle sur des dés en pierre suffisamment massifs pour résister aux vents. Les poteaux d'extrémités sont munis de jambes de force.

## DEUXIÈME PARTIE.

### CULTURES SPÉCIALES.

---

#### Du Poirier.

Le poirier est un arbre indigène. Il croît spontanément dans les buissons et les forêts, et surtout sur la lisière des bois. A cet état, il ne dépasse guère une quinzaine de mètres de hauteur, et reste bien souvent au-dessous de cette limite; cultivé, il atteint de proportions plus considérables.

Les fruits du poirier comptent parmi nos meilleurs, et présentent ce grand avantage qu'on peut en jouir pendant presque toute l'année, grâce au nombre considérable de variétés que l'on en connaît et à leur maturation successive. Aussi le poirier tient-il le premier rang dans nos cultures fruitières.

La poire n'est pas seulement un bon fruit de table; elle sert encore, dans certains pays, à préparer une liqueur fermentée, le *poiré*. Le bois du poirier, fin et serré, susceptible d'un beau poli, est recherché par l'ébénisterie.

**Sol.** — Le poirier est assez exigeant sur la nature du sol. Il donne ses plus beaux produits dans une terre fertile, substantielle et profonde. Dans les terres sèches, siliceuses ou calcaires, il vit peu de temps et porte des fruits petits, quoique généralement de bonne qualité. Les terres fortes à sous-sol humide lui conviennent également peu. Il y pousse vigoureusement au début; mais sa végétation ne tarde pas à s'arrêter, et bientôt il dépérit, se couvre de mousses et se dessèche: les fruits se fendillent, se crevassent et sont de médiocre qualité.

**Multiplication.** — Le poirier se propage par le semis et le greffage.

Le semis est usité pour obtenir de nouvelles variétés, ou plus souvent, des sujets francs sur lesquels on greffe.

Le poirier se greffe aussi sur coignassier, que l'on multiplie par le marcottage, et sur l'aubépine, que l'on élève de semis.

A moins qu'il s'agisse de variétés délicates, le poirier greffé sur franc est généralement très vigoureux et prend un grand développement; il vit longtemps, mais fait attendre ses produits.

On se sert du franc, comme sujet, pour avoir des arbres à haute tige et en général pour ceux qui doivent fournir une grande charpente. On l'emploie aussi pour les arbres taillés, dans les terrains médiocres, et même dans les terres de meilleure qualité, quand on a affaire à des variétés de faible végétation.

Le coignassier préfère une terre argilo-siliceuse ou une terre franche un peu consistante, profonde, non brûlante, bien que s'échauffant facilement. Il aime la fraîcheur, mais ne se plaît pas dans les terres à sous-sol imperméable.

Sur coignassier, le poirier vit moins longtemps que sur franc, mais il donne beaucoup plus promptement ses produits, qui sont en général plus beaux et de meilleure qualité. Il est alors généralement soumis à la taille, et, suivant sa vigueur, il fournit une charpente plus ou moins étendue.

Toutes les variétés de poiriers ne viennent pas également bien sur coignassier : il en est même qui ne vivent pas sur ce sujet. En ce cas, on a recours au franc ou encore au *surgreffage*, qui consiste à greffer la variété rebelle sur une autre variété plus accommodante, greffée elle-même sur coignassier, et servant ainsi d'intermédiaire.

On ne greffe guère le coignassier qu'en écusson.

L'aubépine est un sujet fort peu employé; le poirier y végète faiblement et y vit peu de temps; les fruits sont petits, mais se montrent de très bonne heure. L'aubépine rend des services quand on a affaire à des terres calcaires, arides, peu profondes, dans lesquelles on ne peut songer à cultiver le poirier sur franc et, à plus forte raison, sur coignassier.

Les poiriers pour hautes tiges se greffent à 1m70 du sol, ou quelquefois près de terre quand il s'agit d'une variété très vigoureuse, pouvant fournir des pousses fortes et droites. Les arbres taillés sont toujours greffés à quelques centimètres de terre.

**Culture.** — Le poirier se soumet volontiers à toutes les fantaisies de la taille, et ce n'est pas là un de ses moindres mérites. Je vous dirai quelques mots des principales formes suivant lesquelles on le conduit: haute tige, pyramide, fuseau, vase, palmette et cordon.

*Formes auxquelles on soumet le poirier, et manière de les obtenir.*

**Haute tige.** — Les arbres à haute tige doivent commencer à se ramifier à une hauteur d'environ 1m75. Lorsqu'ils ont une tendance bien marquée à s'élever en pyramide, on les laisse pousser suivant cette direction, en ayant soin d'éviter la confusion des branches.

Le plus souvent, on leur fait prendre la forme en tête, naturelle à la plupart d'entre eux. Après un an de végétation, la pousse provenant de la greffe est alors taillée de manière à fournir 3 yeux. Chacune des branches obtenues est, l'année suivante, taillée à une longueur de 0m20 à 0m25, sur 2 yeux placés un de chaque côté. Les autres rameaux qui peuvent se développer sont pincés lorsqu'ils ont 8 à 10 cent. de longueur.

L'année d'après, on recommence la même opération sur chaque rameau; on obtient ainsi 12 branches régulièrement distribuées autour de la tige. Il ne reste plus qu'à éviter l'encombrement, en supprimant à chaque printemps les branches inutiles et celles qui prennent le caractère de gourmands.

**Pyramide.** — Le poirier est, de tous les arbres taillés, celui qui donne les plus belles pyramides. Cependant, toutes les variétés ne s'accommodent pas également bien de cette forme.

Il en est qui, pour réussir, demandent à être greffées sur franc; d'autres donnent de plus beaux résultats sur coignassier. En règle générale, prenez des arbres sur franc dans les terrains médiocres, et sur coignassier dans les sols riches.

Voici de quelle manière on obtient la pyramide.

Soit un scion d'un an, qui a vigoureusement poussé. Nous devons en obtenir : 1° des branches latérales; 2° la continuation de la tige.

Des yeux ménagés à cet effet nous fourniront ces deux choses. Nous taillerons sur 6, 7 ou 8 de ces yeux, plus ou moins suivant la vigueur de l'arbre; en général, on se contente de 6 yeux. Le plus haut situé, qui continuera la tige, sera choisi du côté de la coupe faite sur le sujet par la suppression de l'onglet. Le plus bas sera pris à environ 0m30 du sol. Si, parmi les yeux qui doivent fournir les branches latérales, quelques-uns s'étaient développés en bourgeons anticipés dès l'année précédente, on pourrait les conserver s'ils étaient forts et bien placés; mais le plus souvent, il vaudrait mieux supprimer ces pousses jusqu'à leur empatement, en ayant grand soin de ne pas détruire les petits yeux qui s'y trouvent, et qui sont destinés à fournir les branches dont on aura besoin.

Si au contraire certains de ces yeux étaient petits et d'apparence médiocre, il serait bon de faire en dessus une incision avec le greffoir ou la serpette, de manière à en favoriser le développement. Du reste c'est une précaution que l'on prend toujours pour les 2 ou 3 yeux situés le plus bas, et défavorisés à cause de cette position. Il est bon aussi, au lieu de couper le sujet tout à fait au-dessus de l'œil terminal, de conserver un petit onglet de 12 à 15 cm., sur lequel on palissera la pousse provenant de cet œil; on a soin de supprimer les yeux de l'onglet, qui sera lui-même enlevé l'année suivante.

Il arrive souvent, dans le courant de la végétation, que les deux ou trois bourgeons situés immédiatement au-dessous du terminal prennent un trop grand développement, au détriment de ceux de la base; on les pince à une longueur de 8 à 10 cm., lorsqu'ils ont déjà une certaine consistance. Ce pincement est d'ailleurs toujours nécessaire ; mais en cas de développement normal, on ne le fait qu'en juillet-août, et seulement sur la partie herbacée.

Lorsqu'à la suite d'un accident ou pour toute autre cause, le bourgeon terminal ne se développe pas ou ne donne qu'une végétation insuffisante, on en choisit un, plus bas, pour le remplacer ; celui-ci, naturellement n'est pas pincé ; on le palisse pour lui donner une bonne direction.

A la deuxième taille, les branches latérales sont coupées sur un œil situé en dessous ou tout au moins de côté, et de manière à commencer dès lors la forme conique : plus longues les branches de la base, plus courtes celles du sommet, en tenant toujours compte de leur force.

Nous taillerons alors le prolongement sur 6 yeux, de manière à avoir le prolongement nouveau, et 5 branches latérales nouvelles.

Et ainsi de suite chaque année.

En résumé :

Couper à environ un tiers de leur nouvelle pousse les prolongements, tant ceux des branches latérales que celui de l'axe;

Tailler ce dernier sur 6 yeux de manière à avoir un œil pour la continuation de la tige, et 5 pour la formation de nouvelles branches latérales ;

Conserver toujours à l'arbre sa forme conique : le diamètre de la base devant être d'environ moitié de la hauteur de l'arbre;

Tailler les branches latérales sur un œil en dessous ou de côté, et le prolongement de l'axe sur un œil situé du même côté que la coupe de l'année précédente.

Mais au fur et à mesure que la charpente se développe, des rameaux se montrent sur celle-ci. Ce sont eux qui nous donneront du fruit; nous apprendrons bientôt à les traiter.

**Fuseau.** — La charpente se réduit ici à l'axe, qui porte directement les branches fruitières. Elle est fort simple à établir : il suffit d'allonger la taille le plus possible, en raison de la vigueur de l'arbre. Il faut faire en sorte d'éviter que les yeux les plus éloignés de la nouvelle coupe s'annulent, ce qui arrive à la suite d'une taille trop longue, ou qu'ils prennent un développement exagéré, ce qui est le résultat d'nne taille trop courte.

Il va de soi que l'on ne peut soumettre à la forme en colonne que des arbres à végétation peu vigoureuse, greffés sur coignassier, ou bien sur franc dans les sols exceptionnellement mauvais, et avec les variétés très faibles.

A cause du peu de place qu'il réclame, le fuseau s'admet dans les plates-bandes d'un potager sans grand inconvénient pour les légumes. Si l'on considère qu'il ne donne guère de prise au vent, que ses produits sont en général beaux et abondants, on aura une somme d'avantages qui compensent et au-delà les inconvénients qu'on peut lui reprocher : ceux de n'être pas de longue durée, et surtout d'avoir un aspect peu agréable.

**Vase.** — Il faut considérer : 1° la base du vase ; 2° les branches verticales fournies par celle-ci.

Pour former un vase, on rabat le sujet à une hauteur de 30 à 40 cm ; on supprime en même temps toutes les ramifications qui peuvent se présenter sur le tronçon restant, en ayant soin de ménager les yeux latents.

Bientôt un grand nombre de bourgeons se développent. On en conserve, parmi les plus beaux et les mieux placés, un nombre variable suivant les dimensions que l'on veut adopter, en se basant sur ceci, qu'il faut ménager une distance d'environ 0m30 entre les branches verticales.

Supposons que nous voulions faire un vase de 1m60 de diamètre, il faudra lui donner 2 m. de hauteur, et le faire de 16 branches.

Autour de notre petite tige, conservons 4 pousses, que nous tuteurerons un peu obliquement. Maintenons entre elles l'équilibre aussi bien que possible. Ainsi ferons-nous la première année.

*Deuxième année.* — Tailler chacune des 4 branches à une longueur d'environ 0m25, sur 2 yeux bien constitués, et placés un de chaque côté. En même temps, abaisser un peu ces branches et les maintenir au moyen de tuteurs. Ménager seulement

2 pousses à l'extrémité de chaque rameau, en choisissant les plus convenables, et en pinçant ou ébourgeonnant les autres.

*Troisième année.* — Abaisser les 4 premières branches suivant leur position définitive; incliner les 8 rameaux obtenus par la bifurcation; en même temps, tailler chacun d'eux à environ 0m25, sur des yeux de côté; plus tard, conserver et palisser deux pousses sur chaque rameau.

*Quatrième année.* — Abaisser toutes les branches de manière à établir définitivement le fond du vase, qui ne doit pas être aplati, mais former avec le tronc un angle d'environ 20°. Redresser ensuite les extrémités, les tailler et les palisser le long des lattes disposées à cet effet.

En partant de 3, 4, 5 branches, on obtiendrait de même le vase à 6, 8, 10, 12... 20 ramifications.

Le vase est d'une conduite assez facile; mais il demande à être suivi de très près pendant sa végétation, afin qu'une branche ne s'emporte pas au détriment de ses voisines. Il faut également avoir grand soin de supprimer, suivant le besoin, les branches qui ne manquent jamais de se développer sur le fond.

**Palmette et Candélabre.** — La palmette est des plus faciles à obtenir. On plante un scion d'un an. Après une année de plantation, c'est-à-dire lorsqu'il est parfaitement repris, le sujet est rabattu à environ 0m30 du sol, sur trois yeux bien constitués. L'un, choisi sur le devant et le plus haut placé, continuera la tige; les deux autres donneront chacun une branche latérale. Le bourgeon du milieu se palisse verticalement; les deux autres obliquement, mais pas trop inclinés, de manière à n'être pas contrariés dans leur végétation. Si l'axe pousse trop fort par rapport aux bourgeons latéraux, on le pince lorsqu'il a atteint de 35 à 40 cm. de hauteur, de manière à favoriser ceux-ci.

Si la végétation a été satisfaisante, c'est-à-dire si les rameaux de côté sont suffisamment forts, on peut, l'année suivante, prendre une deuxième série de branches. Les premières sont alors un peu abaissées et raccourcies d'environ moitié ou le tiers de leur longueur. Une taille trop longue aurait pour effet d'annuler les yeux de base; une taille trop courte leur donnerait une végétation exagérée. Il faut prendre pour guide la vigueur des arbres : une certaine habitude est nécessaire pour s'en tirer convenablement. En même temps que les branches latérales, on coupe l'axe à 25 ou 30 centimètres de l'insertion de celles-ci, sur 3 yeux disposés symétriquement par rapport aux premières pousses : la branche latérale de droite est-elle plus haute que celle de gauche, l'œil de droite devra de même être plus haut que celui de gauche, et inversement. Quant à l'œil de taille, qui fournira le prolongement, il faut toujours le choisir en avant, c'est-à-dire sur la face de la palmette qui est en vue.

Et ainsi de suite chaque année, en inclinant peu à peu les branches jusqu'à leur place définitive.

Lorsqu'à la taille on s'aperçoit que la force des branches latérales laisse à désirer, il ne faut pas prendre de nouvel étage de branches, mais rabattre l'axe sur un œil situé le plus près possible de la dernière branche latérale obtenue. Cette précaution est surtout nécessaire pour les étages inférieurs, qui doivent toujours être favorisés par la taille, défavorisés qu'ils sont par leur situation. Il vaut mieux mettre deux ans à établir un étage de branches et l'avoir bien constitué qu'en obtenir un chaque année et l'avoir faible.

La palmette Verrier s'obtient absolument de même. De même aussi les candélabres, qui ne sont du reste pas autre chose que des palmettes Verrier à un petit nombre de branches. Pour l'U simple, la première et unique taille de l'axe se fait naturellement sur 2 yeux situés à 25-30 cm. du sol. La dernière taille de l'axe des candélabres à un nombre pair de branches se donne également sur 2 yeux choisis à 25-30 cm. des dernières ramifications latérales obtenues. Les prolongements sont toujours taillés de telle sorte que les branches les plus basses soient aussi les plus longues.

La palmette double s'obtient avec la même facilité que la

palmette simple : la première taille se fait sur deux yeux; 2 rameaux se développent : on les palisse verticalement après les avoir d'abord éloignés de 30 cm. l'un de l'autre par un arc de cercle à leur base. Chaque année l'un et l'autre sont taillés à la même hauteur, sur 2 yeux, de manière à fournir chacun un prolongement et un étage distant de 25 à 30 cm. du précédent.

La palmette, le candélabre et la palmette Verrier se prêtent à la conduite de toutes les variétés, les plus vigoureuses comme les plus faibles ; il suffit de proportionner le nombre de branches au développement dont elles sont susceptibles, et à la hauteur du mur ou du contre-espalier.

**Cordon.** — On ne soumet à la forme en cordon que les variétés de poiriers d'une faible végétation, et greffées sur coignassier.

Le cordon peut être, comme nous l'avons vu, vertical, oblique ou horizontal.

Le traitement du cordon vertical est le même que celui de la colonne, à cette différence près que la tige est palissée et que les coursons doivent être maintenus plus courts. Dans le cordon oblique, il faut avoir la précaution de ne point laisser se développer de rameaux en dessus, parce qu'ils donneraient autant de gourmands. L'inclinaison se fait suivant un angle de 45°. Ce cordon peut être double. La première taille se fait alors sur 2 yeux, l'un plus haut pour continuer la tige, l'autre, plus bas, pour donner la seconde branche.

Le cordon horizontal ne s'applique guère au poirier, si ce n'est pour les variétés peu vigoureuses, greffées sur coignassier.

Telles sont les principales formes auxquelles on soumet le poirier. Il en est d'autres encore, telles que cordons sinueux, spirales, branches renversées, etc. Nous nous en tiendrons à celles que je vous ai indiquées, comme étant les meilleures et les plus faciles à obtenir et à diriger.

Parmi les variétés cultivées en espalier, il en est qui demandent telle exposition plutôt que telle autre. Je vous donnerai, à cet égard, les indications nécessaires en vous énumérant les variétés les meilleures à planter contre les murs.

*Traitement de la branche à fruit du Poirier.*

Les coursonnes naissent, avons-nous dit, sur les branches de charpente, dont le prolongement en fournit un certain nombre chaque année.

Sur ce prolongement, on coupe, à la taille, le tiers ou moitié environ de la pousse de l'année précédente.

Cette coupe, ne l'oublions pas, se fait toujours sur un œil en dessous ou en avant pour la palmette ; en avant pour le candélabre et autres formes à branches dressées ; en avant, ou au moins de côté, pour la pyramide ; jamais sur un œil en dessus de la branche.

A moins de circonstances exceptionnelles que la seule pratique vous apprendra, laissez, après la taille d'hiver, pousser en liberté le bourgeon de prolongement, en vous bornant à le palisser au jonc sans trop le serrer. Les bourgeons qui se trouvent dans son voisinage, toujours portés à pousser avec une très grande vigueur, ne tarderaient pas, si l'on n'y mettait bon ordre, à l'affamer, et même quelquefois à le surpasser en force. Il faut donc les surveiller attentivement, et leur appliquer le *pincement*, opération qui consiste à enlever, en la serrant entre l'ongle du pouce et celui de l'index, l'extrémité herbacée d'une jeune pousse. Dès qu'ils ont 4 ou 5 feuilles, ces bourgeons sont pincés immédiatement au-dessus de la dernière de ces feuilles, dont on ne compte que celles ayant un œil à leur aisselle, sans s'inquiéter des deux ou trois feuilles plus petites situées à la base du rameau, et non pourvues d'yeux bien apparents à leur insertion. Si ces bourgeons voisins du prolongement menacent, dès le début, de prendre un développement excessif, ce dont on s'aperçoit à la grosseur de leur empatement, on n'attend pas qu'ils présentent 4 feuilles ; mais aussitôt qu'ils ont environ 5 centimètres, on les coupe à 2 millimètres au-dessus de leur insertion, en ménageant soigneusement les yeux stipulaires. Ceux-ci ne tardent pas à se développer en bourgeons anticipés : on supprime le plus fort, tandis que le plus faible est pincé sur 4 ou 5 feuilles, comme pour les bourgeons ordinaires.

Quelquefois on arrive trop tard pour modérer ainsi le développement exagéré d'un bourgeon situé dans le voisinage immédiat du terminal; en ce cas, on palisse ce bourgeon afin qu'il devienne lui-même terminal, et qu'il remplace celui que l'on avait d'abord conservé dans cette intention.

Remarquons qu'il n'y a guère que l'œil situé immédiatement au-dessous, c'est-à-dire à la suite du terminal, qui prenne le développement exagéré que je viens de signaler. Ceux qui se trouvent tout près de la taille faite l'année précédente restent au contraire très faibles et n'ont généralement besoin d'aucun traitement, si ce n'est quelquefois d'une petite incision pour les favoriser. Les autres croissent avec plus ou moins de force, suivant la vigueur de l'arbre. C'est d'eux qu'il faut nous occuper.

Aussitôt que les bourgeons, encore herbacés, ont atteint de 25 à 30 cm. et avant qu'ils aient pu se lignifier, il faut les *pincer*, c'est-à-dire en rompre l'extrémité en la serrant entre l'ongle du pouce et celui de l'index.

*On pince à une longueur moyenne de 20 cm.* Mais ce chiffre n'a rien d'absolu, car la longueur du pincement doit être proportionnée à la vigueur de l'arbre et varier avec celle-ci, sans être cependant inférieure à 10 cm., ni supérieure à 30 cm. On pince plus court les sujets faibles et languissants et plus long les sujets vigoureux : le résultat à obtenir est de faire grossir deux ou trois des yeux bien conformés restants, tout en évitant qu'ils se développent à bois.

Le pincement doit se faire successivement, à plusieurs reprises et au fur et à mesure que les bourgeons atteignent la longueur convenable (de 25 à 30 cm.). Si l'on a laissé passer le moment opportun et durcir les pousses, la simple pression des doigts ne pouvant plus suffire pour les rogner, on a recours à la serpette ou au sécateur; mais le travail ainsi fait est loin de donner d'aussi bons résultats que le cassement herbacé.

Un premier pincement ne suffit pas. L'accroissement, arrêté quelque temps par cette opération, ne tarde pas à reprendre. Il pousse un faux-bourgeon à l'aisselle de la dernière feuille, quelquefois encore un second et même un troisième sur les yeux plus bas. Lorsque le premier faux-bourgeon a 3 ou 4 feuilles; nous le pinçons à 3 feuilles; le deuxième et le troisième, s'il y en a un second et même un troisième, sont pincés sur 2 feuilles, 3 feuilles au plus.

La végétation continue; souvent le faux-bourgeon, une fois pincé, donne à son tour un faux-bourgeon de second ordre : on pince ce dernier à une feuille ou deux.

Pendant que les yeux de l'extrémité poussent en faux-bourgeons, les yeux de base du bourgeon primitif, qui ne se sont pas développés à bois, grossissent, s'arrondissent et se préparent à fructifier, ce qui arrive généralement au bout de deux ou trois ans. Rappelons-nous qu'on ne peut attendre, avec certitude, du fruit d'un bouton que lorsqu'il est bien arrondi et entouré d'une rosette de six à huit feuilles.

Après l'hiver a lieu la *taille*.

Pour tout courson né au printemps précédent, et qui n'est pas disposé à fructifier dès la prochaine saison, faites la taille sur *trois yeux bien apparents, bien conformés et saillants*, non compris les deux ou trois autres yeux très petits, peu visibles et aplatis que chaque rameau porte à sa base. Ces derniers sont en effet mal constitués et ne conviennent pas pour la fructification.

La taille une fois faite dans ces conditions, tout courson nouveau entrant dans sa seconde année présentera :

— ou 3 yeux non développés en faux-bourgeons l'année précédente;

— ou 2 yeux non développés en faux-bourgeons, et, en plus, un œil de faux-bourgeon;

— ou, par exception et rarement, 1 œil non développé en faux-bourgeon et 2 yeux de faux-bourgeon.

De ces 3 yeux, ou bien :

1° — Celui du haut seulement se développe à bois. Ceci est le cas normal. Pincer le bourgeon suivant la vigueur du sujet à une longueur de 10 à 30 cm. — Pincer plus tard à 3 feuilles le faux-bourgeon, et à 1 ou 2 feuilles le faux-bourgeon de deuxième ordre, s'il y a lieu;

2° — Deux partent à bois. Pincer le plus haut comme susdit et le plus bas à 3 feuilles.

3° — Aucun des 3 yeux ne donne de bois. Rien à faire. Cas assez rare, qui ne se rencontre que sur les arbres épuisés ou les parties d'arbres affaiblies.

Pendant ce temps, continuent à grossir l'œil ou les 2 yeux du bas non développés à bois. Ils peuvent être à fruit, c'est-à-dire en boutons dès la fin de la deuxième année de traitement. En ce cas, la taille d'hiver se fait directement sur ces boutons. Si non, tailler encore sur 3 productions : 2 yeux et un bouton non encore prêt à fructifier, ou un œil et deux boutons non encore prêts à fructifier.

Pendant ce temps encore les bourgeons faibles restent petits. Les uns courts et pointus, ce sont les *dards*. Les autres beaucoup plus longs et flexibles, ce sont les *brindilles*. Rien à faire pour ceux-là, qui d'eux-mêmes se mettent à fruit. Casser l'extrémité de celles-ci : d'elles-mêmes aussi alors elles se mettront à fruit.

Aussitôt que, sur une coursonne, un bouton est reconnu sûrement à fruit, on pratique la taille d'hiver directement au-dessus, en enlevant toute la partie de la coursonne qui peut se trouver au-delà. Sur les arbres en pleine production, on ne laisse qu'un seul bouton par coursonne; mais sur les arbres très vigoureux et peu fertiles, on pourra conserver deux boutons sur la même coursonne.

En résumé :

*Taille d'hiver* : — soit sur un ou deux boutons sûrement à fruits; — soit sur trois productions, yeux ou boutons en préparation;

*Pincement* : — pour le bourgeon terminal de la coursonne, à une longueur variant entre 10 et 30 centimètres; — pour les bourgeons inférieurs s'il s'en produit sur la même coursonne, à deux ou trois feuilles au plus, c'est-à-dire très court ; — pour les faux-bourgeons de tout ordre, à deux ou trois feuilles.

De tout cela il résulte que sur un arbre ainsi traité, on ne peut,

1° — Taille sur 3 yeux.

2° — Taille sur 1 œil et 2 boutons.

3° — Taille sur deux boutons (un bouton et un dard).

Fig. 35.

après la taille d'hiver, rencontrer que des coursonnes appartenant à l'un des 8 types suivants :

1° Coursonne à 3 yeux;
2° — à 2 yeux et 1 bouton non prêt à fleurir ;
3° — à 1 œil et 2 boutons non prêts à fleurir ;
4° — à 3 boutons non prêts à fleurir ;
5° — à 2 boutons prêts à fleurir ;
6° — à 1 bouton prêt à fleurir ;
7° Brindille ;
8° Dard.

On rencontre aussi, à l'endroit de l'insertion des fruits, des sortes de renflements appelés *bourses* (fig. 36), véritables réserves de boutons à fruits. La bourse est garnie d'yeux très petits qui peuvent, par exception, se développer à bois, mais qui, le plus souvent, donnent des dards et des brindilles, c'est-à-dire des productions fruitières. A la taille, il suffit d'en rafraîchir la surface au sécateur, pour en détacher la pellicule spongieuse qui s'est produite à la suite de l'hiver.

Fig. 36. — Bourse.

Sur les vieilles coursonnes, surtout sur celles placées en

dessus des branches, il peut se développer une quantité de bourgeons inutiles : les supprimer jusqu'à la base. Quelquefois on profite de la sortie de ces bourgeons pour rajeunir la coursonne. Conserver alors l'un d'eux pour, à la taille suivante, remplacer la vieille branche à fruit que l'on supprimera.

Enfin, il arrive que certaines coursonnes s'annulent. On peut les remplacer soit au moyen de la greffe en approche, soit au moyen de la greffe du bouton à fruit.

**Époque de la taille.** — La taille proprement dite se fait pendant le repos de la sève. Elle peut commencer aussitôt la chute des feuilles, et doit cesser à leur réapparition; on la suspend pendant les gelées et les intempéries de l'hiver,

Une taille tardive, pratiquée alors que la sève est déjà en mouvement, épuise l'arbre et tend par suite à le mettre à fruit : c'est un moyen que l'on emploie quelquefois pour dompter les arbres rebelles à la fructification par suite d'une trop grande vigueur.

Tel est, dans ses généralités, le traitement à appliquer au Poirier. N'oublions pas qu'il est basé sur les lois de la végétation dont je vous ai résumé les points principaux. Aussi, dans la pratique, et lorsque nous serons au pied de l'arbre, ayons toujours présentes à l'esprit, et ces lois, et les déductions que l'on en tire C'est ainsi, et seulement ainsi, que nous pourrons sûrement donner à chaque sujet les soins particuliers qu'il réclame.

**Variétés.** — Les variétés de poires se comptent par centaines, et chaque année les découvertes des semeurs en ajoutent quelques-unes à nos catalogues.

Mais toutes ces variétés sont loin d'être d'un égal mérite; il y a beaucoup à choisir. Bien que relativement restreint, le nombre des poires réellement recommandables est encore assez grand pour que le choix soit embarrassant. Je vous indiquerai seulement les meilleures, et, dans la liste, je marquerai d'un signe (*) celles que je considère comme les plus méritantes. C'est à celles-ci que vous aurez recours dans le cas où vous n'en auriez besoin que de quelques-unes. Toutes ces poires sont à couteau, sauf les deux dernières qui sont des fruits d'apparat, convenant parfaitement pour orner les desserts. L'une et l'autre sont en effet très grosses et très belles, et c'est là leur principal, sinon leur unique mérite : la poire *Van Marum* n'est que de seconde qualité ; quant à la *Belle-Angevine*, dont la chair est cassante et sans saveur, on peut, à la fin de l'hiver, lorsqu'elle a joué son rôle dans la décoration des tables, l'utiliser cuite au vin sucré.

Le tableau ci-contre mentionne le mode de conduite qui peut être admis pour chaque variété, et, quand il y a lieu, le sujet sur lequel ont doit greffer. Il n'est pas question de la forme en contre-espalier, parce que tous les Poiriers, en général, s'en accommodent, sauf, parmi ceux de cette liste, le *Beurré d'Hardenpont* et le *Doyenné d'hiver* qui réclament l'espalier proprement dit. Il va de soi que, pour le contre-espalier, on adopte un nombre de branches en rapport avec la vigueur de l'arbre.

Il faut réserver l'espalier pour les variétés que l'on ne peut obtenir autrement. Comme le levant et le midi conviennent seuls au pêcher et à la vigne, je n'ai indiqué pour ces expositions que les Poiriers qui ne s'accommodent pas du couchant.

*Distances auxquelles il convient de planter les Poiriers.*

| | | | |
|---|---|---|---|
| Hautes tiges . . . . . | 5m | Palmettes sur coignassier . | 4m |
| Pyramides sur franc . . | 4m | Candélabres à 2 branches . | 0m60 |
| — sur coignassier . . | 3m | — 3 branches . | 0m90 |
| Fuseaux ou colonnes . . | 1m50 | — 4 branches . | 1m20 |
| Cordons horizontaux . | 3m | — 5 branches . | 1m50 |
| — verticaux . . . . | 0m35 | Et ainsi de suite en augmentant | |
| — obliques simples . . | 0m50 | de 0m30 pour chaque branche en | |
| — — doubles . . . | 1m | plus. | |
| Palmettes sur franc. . . | 8m | | |

*Choix restreint de bonnes variétés de Poires*

| NOMS DES VARIÉTÉS. | ÉPOQUES DE MATURITÉ. | FORMES. | | | | |
|---|---|---|---|---|---|---|
| | | HAUTE TIGE. | PYRAMIDE. | COLONNE. | CORDON. | ESPALIER. |
| *Doyenné de Juillet | 1re quinzaine de juillet. | Convient peu | Oui, sur franc | Convient | Non | Couchant |
| Epargne | juillet-août. | Convient | Convient | Convient | Convient peu | Non |
| *Beurré Giffard | id. | Non | Conv. s/franc | Convient | Convient | Couchant |
| De l'Assomption | courant d'août. | Non | Conv. s/franc | Convient | Convient | Couchant |
| Williams | août et septembre. | Convient | Conv. s/franc | Convient | Convient peu | Couchant |
| *Beurré d'Amanlis | septembre. | Convient | Ne conv. pas | En terre méd. | Non | Couchant |
| *Louise-bonne d'Avranches | septembre-octobre. | Convient | Convient | Convient | Convient peu | Couchant |
| *Beurré Hardy | id. | Convient | Convient | En terre méd. | Non | Couchant |
| Seigneur d'Esperen | fin sept. et octobre. | Non | Convient | Convient | Conv. assez | Couchant |
| Délices d'Hardenpont | octobre-novembre. | Non | Convient | Convient | Convient | Couchant |
| *Marie-Louise Delcourt | id. | Convient | Non | Convient | Convient | Couchant |
| Beurré d'Aspremont | id. | Convient | Convient | Convient | Non | Couchant |
| *Duchesse d'Angoulême | automne. | Non | Convient | Convient | Convient peu | Couchant |
| Van Mons | novembre. | Non | Non | Convient | Conv. tr. bien | Levant |
| *Beurré Clairgeau | commencement hiver. | Non | Non | Convient | Conv. tr. bien | Levant |
| *Beurré Diel | novembre-décembre. | Convient | Convient | En terre méd. | Non | Midi et couch. |
| *Passe-Colmar | décembre-février. | Convient | Convient | Convient | Non | Couchant |
| *Beurré d'Hardenpont | id. | Non | Non | Non | Non | Levant et midi |
| Bonne de Malines | id. | Non | Convient | Convient | Non | Couchant |
| Passe-Crassane | milieu et fin hiver. | Non | Convient | Convient | Conv. assez | Midi et couch. |
| *Joséphine de Malines | de janvier à mars. | Convient | Convient | Convient | Non | Midi et couch. |
| *Doyenné d'hiver | id. | Non | Non | Non | Non | Midi et couch. |
| *Olivier de Serres | id. | Non | Convient | Convient | Non | Couchant |
| *Bergamotte Esperen | de mars à mai. | Convient peu | Convient | En terre méd. | Non | Midi et couch. |
| Van Marum | octobre. | Non | Non | Convient | Convient | Couchant |
| Belle Angevine | hiver et printemps. | Non | Non | Non | Conv. assez | Levant |

## Du Pommier.

Le Pommier est, comme le Poirier, une espèce indigène ; il pousse à l'état sauvage dans nos bois et nos buissons, où il n'atteint guère plus de 10 ou 12 mètres. Il n'est pas rare de voir les variétés cultivées dépasser le double de cette hauteur.

Le fruit du pommier, outre ses usages alimentaires, a une grande importance dans certains pays du Nord, où l'on en fait une boisson fermentée, le cidre. Les meilleurs cidres viennent de la Normandie et de la Bretagne, qui cultivent dans ce but des variétés spéciales. Le bois du pommier s'emploie en ébénisterie comme celui du poirier. Les fruits de l'espèce sauvage servent quelquefois, dans les campagnes, à préparer une boisson aigrelette et rafraîchissante.

**Sol.** — Moins difficile que le poirier sur la qualité du terrain, le pommier vient à peu près partout; cependant il ne faudrait pas le planter dans une terre trop argileuse, trop siliceuse ou trop calcaire. Il aime un sol un peu frais; une humidité constante le rend au contraire moussu, chancreux, et ne tarde pas à le faire périr. La sécheresse ne lui est pas non plus favorable, et, sauf quelques variétés plus délicates, il se plaît généralement mieux aux expositions du levant et de l'ouest qu'à celles du midi.

**Multiplication.** — On propage le pommier par le semis, le marcottage et le greffage.

Le semis donne des variétés nouvelles et des sujets *francs* pour le greffage. Les pommiers de semis sont exclusivement employés pour obtenir des arbres à haute tige.

Le marcottage est usité pour deux races de pommier dites *doucin* et *paradis*, qui ont une grande importance en arboriculture.

Ces deux sortes de pommiers sont de vigueur beaucoup moindre que les sujets de semis ; aussi sont-ils cultivés pour obtenir des arbres de petites dimensions.

Le *paradis* est plutôt un arbuste qu'un arbre ; il pousse très peu, et donne des pommiers tout à fait nains. Il prospère dans les terres un peu fortes et un peu fraîches. Au contraire les sols secs, calcaires ou siliceux lui sont défavorables. Il est d'ailleurs toujours capricieux dans sa végétation. C'est par excellence le sujet des petites formes, et il est regrettable que toutes les espèces fruitières n'aient pas un sujet analogue.

Le *doucin* est, par son développement, un intermédiaire entre le pommier franc et le paradis. C'est à lui qu'il faut recourir pour les formes en vases, pyramides, colonnes et palmettes dans les terres ordinaires. C'est encore à lui qu'on s'adressera pour avoir, dans des terres légères, sèches et médiocres, de petites formes telles que cordons et buissons.

Le pommier ne se greffe que sur lui-même, c'est-à-dire sur franc, paradis et doucin. Ces deux derniers sont toujours greffés jeunes et à quelques centimètres du sol, soit le plus souvent en écusson, soit à l'anglaise, soit quelquefois en fente et en couronne quand ils ont une grosseur suffisante. Sur franc, on pratique toute espèce de greffe, suivant la saison, la grosseur du sujet et les diverses circonstances.

**Formes.** — Le pommier peut être soumis aux mêmes formes que le poirier. Toutefois on l'élève rarement en pyramide. En espalier, on ne met que quelques variétés dont les fruits sont particulièrement estimés. On en fait alors des palmettes ordinaires et palmettes Verrier sur doucin, des cordons et surtout de petits candélabres à 2 ou 3 branches sur paradis. Cette dernière forme convient admirablement au *Calville blanc*, variété dont les fruits sont très estimés; on le plante contre les murs au levant ou au midi : il y donne des produits remarquables en beauté et qualité. Les autres variétés en espalier se mettent au couchant et même au nord.

En haute tige, le pommier prend de lui-même la forme en tête; il n'est pas propre à la forme pyramidale. Il demande d'ailleurs les mêmes soins que le poirier.

Dans le jardin fruitier, les formes en colonne, et surtout en vases, buissons et cordons sont celles qu'il faut adopter pour le pommier ; on les obtient comme je l'ai dit précédemment. Il faut observer de ne pas faire la taille trop courte, et surtout d'enlever soigneusement les bourgeons inutiles, qui sont généralement très abondants sur les coursonnes et à leur base. Quant aux bourgeons qui avoisinent le terminal, on doit, nous le savons, les pincer sévèrement.

Pour les petits jardins, le petit vase et le cordon horizontal sont les formes par excellence. On les plante, soit sur paradis lorsque la terre est bonne, soit sur doucin lorsqu'elle est maigre et sèche.

Le petit vase sur paradis ne demande pas une charpente en fer ou en bois comme celle que nous avons dû donner au vase de poirier. Il se maintient de lui-même; d'ailleurs sa forme est plutôt celle d'un entonnoir que celle d'une vase proprement dit. Voici comment on l'obtient :

Après un an de plantation, c'est-à-dire à parfaite reprise, le scion d'un an est rabattu à 12 ou 15 cm. environ au-dessus de la greffe. On conserve 3 bourgeons, que l'on traite de manière à les avoir autant que possible d'égale force. L'année suivante, chacune des branches est rabattue à 10-12 cm. de long, sur 2 yeux placés un de chaque côté. Cela donne 6 branches. Même taille l'année d'après sur chacune de celles-ci. La charpente est ainsi formée. Chaque année, on se contente de rabattre le prolongement sur 4, 5 ou 6 yeux, plus ou moins suivant la vigueur du sujet, en ayant toujours soin de faire la coupe sur un œil du dehors. Il va de soi que les branches fruitières ne sont pas négligées, mais sont traitées au fur et à mesure de leur formation de la même manière que celles du poirier.

Le cordon horizontal s'obtient plus facilement encore. Après avoir tendu et fixé le fil de fer horizontalement à environ 0m 40 du sol, on tuteure le scion de pommier et on le palisse solidement jusqu'à une hauteur d'environ 0m 30. On le coude ensuite pour le coucher horizontalement suivant la direction du fil de fer. Afin de ne pas courir le risque de rompre la jeune tige, il faut avoir soin, pour l'assouplir, de la masser préalablement entre les doigts dans la partie où l'on veut la courber.

On taille très peu le prolongement du cordon et il faut palisser le bourgeon terminal assez tard, afin que la sève ne l'abandonne pas. On a grand soin d'enlever jusqu'à leur naissance les pousses qui peuvent se produire sur le coude, parce qu'elles ne tarderaient pas à se transformer en gourmands et à affamer l'arbre.

Lorsque, après un certain nombre d'années de végétation, les cordons viennent à se toucher, on peut les greffer en approche, l'extrémité de l'un sur le coude du suivant. Mais c'est là une opération plutôt curieuse que vraiment utile.

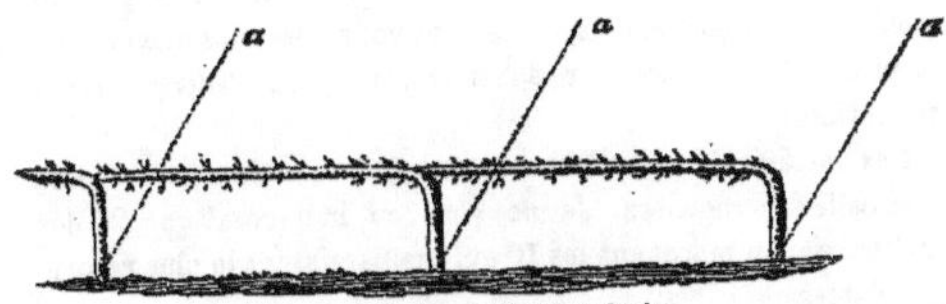


Fig. 37. — Cordons horizontaux simples.

En plantant les cordons, si l'on veut les faire unilatéraux, il faut toujours avoir soin de les placer de telle sorte que la plaie *aa* (fig. 37) laissée par la suppression de l'onglet se trouve du côté vers lequel on dirigera le prolongement horizontal. Dans les terrains en pente, cette direction doit naturellement toujours être vers la partie la plus élevée. En terrain plat, le mieux est de les conduire de l'ouest à l'est.

Je vous ai déjà recommandé la plantation du pommier en cordons pour les petits jardins. Je reviens sur cette recommandation. Souvenez-vous qu'il est facile à conduire ainsi, qu'il tient très peu de place et donne en abondance de beaux et bons fruits. Les variétés qui s'en accommodent le mieux sont le *Calville blanc*, l'*Api* et la *Reinette grise du Canada*. Toutes les autres vont également bien sous cette forme, mais celles-ci sont en général préférées à cause de la beauté et de la qualité de leurs fruits.

Lorsque vous plantez des pommiers sur paradis ou sur doucin, il faut bien vous garder d'enterrer la greffe, autrement l'arbre s'affranchirait, c'est-à-dire que le greffon prendrait racines et vous n'auriez plus autre chose qu'un sujet franc de pied qui, poussant vigoureusement, ne pourrait s'astreindre à la taille et ne donnerait que du bois et pas de fruit. C'est la raison de l'insuccès de beaucoup de plantations d'arbres nains. Tenez donc toujours la greffe à 5 ou 6 centimètres au-dessus du sol et si vous avez des arbres affranchis, déterrez-les jusqu'à l'insertion du greffon et coupez les racines adventices qui peuvent s'être développées sur celui-ci. Si l'arbre était jeune, vous le déplanteriez pour le replanter convenablement, autrement vous laisseriez une cuvette au pied de l'arbre, pour empêcher la production d'autres racines adventices.

Les variétés de pommiers ne sont guère moins nombreuses que celles de poiriers. Je ne vous indiquerai que 20 des meilleures, en marquant les 10 qui me paraissent le plus recommandables.

*Distances auxquelles il convient de planter les Pommiers.*

| | |
|---|---|
| Haute Tige | 5 à 6 mètres |
| Pyramide ou Cône | 3m |
| Fuseau sur doucin | 1m50 |
| — sur paradis | 1m |
| Cordon vertical | 0m30 |
| — oblique | 0m40 |
| Forme en U | 0m60 |
| Candélabre à 3 branches | 0m90 |
| — à 4 — | 1m20 |
| — à 5 — | 1m50 |
| Cordon horizontal sur doucin | 4m00 |
| — — sur paradis (1) | 3m00 |
| Vase sur doucin | 2m00 |
| — — paradis | 1m50 |

(1) On peut planter les cordons plus rapprochés du double, et les dédoubler quand ils se touchent, pour replanter ailleurs ceux que l'on enlève ainsi.

*Choix restreint de bonnes variétés de Pommes.*

| NOM DES VARIÉTÉS. | ÉPOQUE DE MATURITÉ. | MODES DE CONDUITE A PRÉFÉRER. |
|---|---|---|
| Astracan rouge . . . . . . | Fin juillet. | Fuseaux, vases, cordons. |
| Gravenstein . . . . . . . | Fin d'été et automne. | Hautes tiges et toutes autres formes. |
| *Alexandre . . . . . . . | Automne. | Petites formes, surtout cordons et petits vases. |
| Royale d'Angleterre . . . | Automne et commencement hiver. | Toutes formes; mais convenant peu pour haut vent; avantageux en espalier. |
| *Moyeuvre. . . . . . . . | Décembre. | Convient particulièrement pour haut vent. |
| *Reine des Reinettes. . . . | Automne et commencement hiver. | Haut vent et toutes autres formes. |
| Doux d'argent . . . . . | Hiver. | id. id. id. |
| Calville rouge d'hiver . . . | Hiver. | id. id. id. |
| *Belle-fleur jaune. . . . . | Hiver. | id. id id. |
| Reinette musquée . . . . | Hiver. | Surtout pour grand verger et culture de spéculation. |
| Reinette des Carmes . . | Hiver. | Surtout pour grand verger et bord des chemins. |
| Reinette du Canada. . . . | Hiver. | Formes basses, cordons, petits vases, etc. |
| *Calville blanc d'hiver . . . | Hiver jusqu'en mars. | Formes basses, cordons; espalier à l'Est. |
| Reinette grise . . . . . | Courant et fin hiver. | Formes basses. |
| *Court-pendu plat . . . . | Courant et fin hiver. | Toutes formes et surtout grand verger. |
| Reinette franche . . . . | Courant et fin hiver. | Petites formes. Impropre au grand verger. |
| *Grosse Reinette de Cassel. . | Courant hiver et printemps. | Toutes formes. Surtout plein vent. |
| *Reinette grise du Canada . . | Fin hiver. | Formes basses, convient peu pour plein vent. |
| *Api. . . . . . . . . . | Fin hiver et printemps. | Convient surtout pour cordons et buissons. |
| *Reinette de Champagne . . | Fin hiver et printemps. | Convient particulièrement pour haute tige et le long des routes. |

### Du Prunier.

L'origine du prunier est fort incertaine, et l'on ignore si nos variétés cultivées descendent d'une ou de plusieurs espèces. On ne connaît pas davantage celles-ci à l'état sauvage, car il ne paraît pas probable que le prunellier de nos haies soit un des ancêtres de nos variétés cultivées.

La prune, vous le savez, se mange crue, cuite, ou séchée au four. On en prépare des conserves, d'excellentes marmelades et aussi des confitures, dont les plus estimées sont celles de *Mirabelle*. La Reine-Claude cueillie encore verte sert à faire les *Prunes à l'eau-de-vie*. Grâce à ses préparations multiples, ce fruit peut paraître pendant toute l'année à nos desserts où il est toujours le bienvenu à cause de sa qualité et de ses propriétés hygiéniques. Notons que la médecine l'emploie comme rafraîchissant : les pruneaux de *Petit Damas noir* sont surtout recommandés pour cet usage. N'oublions pas non plus que dans les années d'abondance, on en tire de l'alcool. Le bois de prunier peut fournir aux teinturiers une couleur rougeâtre ; les ébénistes s'en servent quelquefois pour confectionner divers petits meubles ; enfin on en fait d'excellents manches de bêche, légers, solides et doux à la main.

**Sol et climat.** — Le prunier est une de nos espèces fruitières les moins difficiles sur la qualité du terrain. Il ne redoute guère que les sols brûlants et sablonneux, où il jaunit et se dessèche. Dans les argiles compactes, à sous-sol imperméable, il devient promptement chancreux. Il se plaît dans une terre profonde ; mais comme il a des racines plus traçantes et s'enfonçant moins dans le sol que les autres espèces fruitières, cette particularité fait qu'on peut le cultiver dans des terres même peu profondes, où l'on ne pourrait avoir d'autres arbres fruitiers.

Les pays de vignes sont ses pays de prédilection. C'est là qu'il donne ses produits les plus beaux, les meilleurs et les plus abondants. Il s'avance cependant plus au Nord que la vigne, et certaines variétés prospèrent même à une latitude assez élevée, mais d'autres n'y vivent pas ou y viennent mal et y demandent l'abri des murs.

Dans nos contrées, les meilleures expositions pour le prunier sont le levant et le midi. Fleurissant de très bonne heure et très sensible aux gelées, il a souvent à souffrir des froids tardifs.

**Multiplication.** — Elle se fait par semis, marcottage, drageonnage, bouturage et greffage.

Le semis s'emploie pour avoir des sujets propres au greffage. Certaines variétés telles que *Damas noir*, *Quetsche*, *Reine-Claude* et *Mirabelle* se reproduisent assez fidèlement de noyaux; toutefois il vaut encore mieux recourir au greffage pour propager les bons arbres que l'on possède que de courir, en semant, le risque d'en obtenir de moins bons.

Le marcottage se fait en buttes ou cépées comme pour le coignassier. Les sujets qui en proviennent ont une tendance à drageonner et ne prennent pas de grandes dimensions. Ils sont propres à faire des haies ou des sujets de petite taille.

Le drageonnage est le mode que l'on emploie le plus habituellement dans nos campagnes pour multiplier certaines variétés telles que *Quetsche*, *Mirabelle*, etc. Les arbres venant de drageons sont comme ceux de marcottes, faibles et portés eux-mêmes à drageonner. Ils donnent des fruits moins gros, mais ils ont une croissance plus rapide et une production généralement plus prompte que les sujets greffés.

Il est une espèce de prunier qui se propage aussi de boutures. C'est le *Myrobolan*, qui sert, dans les pépinières, pour greffer le prunier, le pêcher et quelquefois l'abricotier. Les variétés greffées sur ce sujet donnent des pousses magnifiques pendant les premières années, mais ne tardent généralement pas à languir et dépérir. Je ne vous le recommanderai donc pas.

Le prunier ne se greffe que sur lui-même. On peut employer comme sujet toute variété qui donne une pousse vigoureuse, forte et bien droite. Le *Damas noir* et le *Prunier de Saint-Julien* obtenus de semis sont les plus généralement choisis. On les greffe en tête à moins que la variété greffée pousse fortement et fournisse de belles tiges; en ce cas on peut greffer en pied sur le sujet encore jeune.

On emploie beaucoup l'écussonnage pour les petits pruniers; si les sujets sont déjà gros, on greffe de rameaux. La reprise est assez capricieuse.

**Modes de conduite.** — Le prunier, qui s'accommode mal de la taille, ne s'élève guère qu'en hautes tiges. Cependant quelques variétés font d'assez jolies pyramides; d'autres se mettent en espalier; mais elles sont difficiles à conduire ainsi, parce que les branches fruitières sont sujettes à se dénuder.

On cultive quelquefois le prunier en buissons; on en fait alors des massifs, des haies qui ne dépassent guère 2 mètres de hauteur. On choisit naturellement à cet effet les variétés les plus fertiles et les moins vigoureuses; c'est le *Mirabellier* qui se prête le mieux à cette culture, laquelle ne se pratique guère que dans les terrains médiocres.

*Distances auxquelles il convient de planter les Pruniers.*

| | |
|---|---|
| Haute tige . . . . . . . . . . . . | 5 mètres |
| Pyramide ou cône . . . . . . . | 3 à 4 mètres |
| Palmette . . . . . . . . . . . . | 5 m. |
| Candélabre à 4 branches . . . . . . | 2 m. |
| — à 5 — . . . . . . | 2m50 |

et ainsi de suite, en augmentant de 0m50, pour chaque branche.

La liste suivante indique dix variétés de choix. Les meilleures à cultiver sont marquées d'astérisques(*). Ce signe répété deux fois (**) précède le nom des variétés les plus généralement estimées.

*Choix restreint de bonnes variétés de Prunes.*

| NOMS DES VARIÉTÉS. | MATURITÉ. | VOLUME ET QUALITÉ DU FRUIT, VIGUEUR, FERTILITÉ, ETC. |
|---|---|---|
| *Mirabelle précoce . . . | Mi-juillet. | Fruit petit, jaune, excellent. Arbre petit, peu vigoureux, très fertile. |
| Monsieur hâtif . . . . | 2e quinzaine juillet. | Fruit moyen, rond, noir; bon. Arbre vigoureux, rustique, très fertile. |
| de Montfort . . . . . | 1e quinzaine d'août. | Fruit assez gros, ovoïde, violacé, bon. Arbre assez vigoureux, fertile. |
| *Perdrigon violet hâtif . . | Mi-août. | Fruit moyen, arrondi, violet. Arbre grand, robuste, très fertile. |
| **Mirabelle petite. . . . | 2e quinzaine d'août. | Fruit petit, jaune marbré rouge, excellent. Arbre petit, très fertile. |
| **Reine-Claude dorée. . . | Id. | Fruit moyen, arrondi, excellent. Arbre vigoureux et fertile. |
| Kirke. . . . . . . . | fin août, commt sept. | Fruit gros, arrondi, noir. Arbre vigoureux, rustique, très fertile. |
| Goutte-d'Or . . . . | fin septembre. | Fruit gros, ovoïde, jaune taché rouge, très bon. Arbre vigoureux et fertile, préférant les sols chauds et les climats secs. |
| **Quetsche commune. . . | septembre. | Fruit moyen, allongé, violet, excellent pour tartes et surtout pour pruneaux. Arbre très fertile. |
| *Quetsche d'Italie . . . | 2e quinzaine septembre. | Fruit gros, ovoïde, noir bleuâtre, bon pour pruneaux. Fertile. |

### Du Cerisier.

Les botanistes ne sont pas d'accord sur l'origine des variétés de cerisiers que nous cultivons; il est probable cependant que beaucoup d'entre elles viennent du cerisier de nos bois. Cette espèce que l'on appelle *Merisier*, vit longtemps, peut atteindre une grande hauteur, et donne de fort beaux arbres.

Le fruit du merisier, petit, peu charnu et d'une saveur agréable quand il est bien mûr, fournit le kirsch, qui se fabrique surtout dans les Vosges et dans cette région du Grand-Duché de Bade que l'on appelle la Forêt-Noire. Toutes les cerises peuvent d'ailleurs fournir de l'alcool par distillation : c'est un de leurs principaux usages.

La cerise se consomme surtout à l'état cru; elle est toujours bien accueillie parce que c'est un des premiers fruits qui mûrissent dans nos jardins. Elle a le grand avantage de se conserver longtemps sur l'arbre, où elle acquiert de la qualité en mûrissant le plus possible. On en fait des tartes, des compotes, des confitures, des conserves à l'eau-de-vie. On la met aussi sécher, et quelquefois on en tire, par fermentation, une espèce de vin. Les ménagères savent préparer avec les noyaux écrasés une liqueur dite *eau de noyaux*. Les médecins ordonnent quelquefois les infusions de queues de cerises ; il paraît que l'écorce amère remplacerait jusqu'à un certain point le quinquina. De cette écorce, on peut d'ailleurs tirer une couleur jaune. La gomme qui découle du tronc s'emploie aux mêmes usages que la gomme arabique. Enfin les ébénistes, les luthiers, les tourneurs recherchent le bois du cerisier, et surtout du merisier sauvage.

**Sol.** — Comme vous le voyez, le cerisier rend de bons services. Ajoutons qu'il n'est nullement délicat ni difficile sur le choix du terrain, et qu'il réussit à peu près partout, sauf dans les terres trop fortement argileuses. Les racines ne s'enfoncent pas beaucoup, ce qui lui permet de vivre dans les sols peu profonds. Il se plaît surtout au grand air et au grand soleil, sur les hauteurs et les pentes des coteaux bien exposés.

**Multiplication.** — Le Cerisier commun à fruits rouges et acidulés et quelques variétés à kirsch du groupe des merisiers se multiplient de drageonnage. Les autres variétés se propagent par le greffage.

Pour greffer, on peut employer comme sujet soit le *Cerisier commun*, soit le *Merisier*, soit encore le *Cerisier de Ste Lucie*, dit aussi *Mahaleb*.

Le Cerisier commun, qui se distingue par sa tige peu élevée, généralement tortueuse, sa tête arrondie, ses rameaux longs, flexibles et souvent retombants, ses fruits acidulés plus ou moins hâtifs, est très peu usité comme sujet. On pourrait cependant l'utiliser pour le greffage des variétés faibles ou lorsqu'on veut obtenir des arbres de taille moyenne. Il faudrait alors le multiplier de noyaux.

Le Merisier est de beaucoup le plus employé. Il donne des sujets pour haute tige et se greffe en tête, soit en écusson, soit en fente ou à l'anglaise. On le multiplie par semis. Il faut semer de préférence les noyaux de fruits rouges : les sujets à fruits noirs sont presque rebelles à l'écussonnage, mais réussissent mieux par le greffage de rameaux.

Le Cerisier de Sainte-Lucie, arbrisseau qui atteint de 3 à 5 mètres, a des fruits très petits, noirs et non comestibles. Il présente l'avantage de prospérer dans les sols les plus secs et les plus arides. Il se multiplie par semis de noyaux, et se greffe près de terre pour donner des arbres nains.

**Culture.** — Le cerisier ne se soumet guère à la taille : c'est surtout l'arbre des grandes formes et du plein air. Cependant, dans les petits jardins d'amateurs on en fait quelquefois des pyramides, qui sont élevées sur Mahaleb; on le met aussi en palmettes, le long des murs, à l'exposition du Nord, où il se plaît parfaitement. A cette place, il rend un grand service, celui d'utiliser des surfaces dont ne s'accommodent pas les autres espèces fruitières. En choisissant les variétés on peut ainsi avoir du fruit pendant longtemps.

Ce mode de culture en espalier présente encore un avantage : il permet de soustraire facilement les cerises aux attaques des oiseaux, qui souvent font la récolte pour leur compte. Lorsque le fruit commence à se colorer, on applique en avant des arbres une toile très claire qui suffit pour sauvegarder les fruits, dont la maturité peut ainsi s'achever tranquillement.

**Variétés.** — Les variétés de Cerises sont nombreuses. Le tableau suivant en indique quelques-unes des meilleures. Remarquons qu'il est toujours bon d'introduire dans le verger quelques cerisiers à fruits jaunes, ceux-ci n'étant généralement pas attaqués par les oiseaux.

Toutes les variétés de Cerisiers peuvent se ranger en divers groupes : *Bigarreaux*, *Guignes*, *Anglaises*, *Amarelles* et *Griottes*.

Le groupe le mieux caractérisé est celui des *Amarelles* ou *Cerises aigres*, que l'on appelle aussi *Cerises communes*, et auquel appartient le *Cerisier de Montmorency*.

*Distances auxquelles il convient de planter les Cerisiers.*

| | |
|---|---|
| Hautes tiges . . . . . . . . . . | 6 m. |
| Cerisiers Montmorency . . . . . | 4 à 5 m. |
| Pyramide ou Cône . . . . . . . . | 4 m. |
| Palmette ordinaire . . . . . . . . | 1 m. |
| Palmette candélabre à 4 branches . . | 1m20 |
| — — à 5 — . . | 1m50 |
| — — à 6 — . . | 1m80 |

Et ainsi de suite en augmentant de 0m30 pour chaque branche.

*Choix de bonnes variétés de Cerises.*

| NOMS DES VARIÉTÉS. | MATURITÉ. | GROSSEUR, QUALITÉ DU FRUIT; VIGUEUR ET FERTILITÉ, ETC. |
|---|---|---|
| Guigne d'Annonay . . . | Fin mai, commencem. juin. | Fruit assez gros, rouge clair, 1e qualité. Arbre vigoureux, très fertile. |
| Belle d'Orléans . . . . | 1e quinzaine de juin. | Fruit rose, rarement attaqué par les oiseaux, excellent. Arbre très vigoureux. |
| Choque . . . . . . | Fin juin. | Fruit rouge-brun, très sucré. Très grand arbre, fertile et d'un beau port. |
| Bigarreau Jaboulay . . . | 1e quinzaine de juin. | Fruit gros, rouge foncé. Arbre très vigoureux et très fertile. |
| Bigarreau d'Esperen . . | 1e quinzaine de juillet. | Fruit gros, rouge vif et jaunâtre. Grand arbre vigoureux, très fertile. |
| Big. jaune de Buttner . . | Mi-juillet. | Fruit assez gros, jaune brillant, de 1re qualité. Arbre très fertile. |
| Belle de Chatenay . . . | 2e quinzaine de juillet. | Fruit gros, rouge vif, bon. Arbre vigoureux et fertile, à mettre surtout en espalier au Nord. |
| Hâtive de Louvain . . . | 2e quinzaine de juin. | Fruit rouge-brun. Arbre vigoureux, fertile, du groupe des Montmorency. |
| Montmorency . . . . . | Fin juin. | Fruit rouge vif. Arbre peu élevé, donnant une tête arrondie, fertile. |
| Griotte du Nord . . . | Fin juillet. | Fruit assez gros, rouge foncé. Arbre à mettre surtout en espalier au Nord, pour avoir du fruit, très tard. |

## Du Pêcher.

Le pêcher nous vient, croit-on, de la Perse. C'est un petit arbre, qui atteint de 3 à 5 mètres de haut, et que l'on ne peut généralement cultiver, dans les climats du Nord de la France et en Belgique, qu'en espalier à bonne exposition.

De même que la poire est le plus estimé des fruits à pépins, la pêche est la reine des fruits à noyau. La beauté de sa forme et de ses couleurs, la délicatesse et le parfum de sa chair lui assurent une place d'honneur sur nos tables. Aussi, sa culture fait-elle la fortune de certains pays.

Le fruit du pêcher, si beau et si recherché, ne se garde pas : il demande à être consommé de suite. On en prépare des confitures et des conserves à l'eau-de-vie; le noyau entre dans la fabrication de l'eau de noyau, et les fleurs desséchées servent à préparer un sirop purgatif. Les amandes et les feuilles de pêcher contiennent un poison très violent (l'acide cyanhydrique ou prussique).

**Climat et sol.** — Originaire des contrées chaudes, le pêcher redoute beaucoup le froid. Les pluies prolongées et l'humidité lui sont également contraires. Aussi, dans les pays même tempérés, la récolte en est-elle fréquemment compromise quand il n'est pas abrité au printemps non-seulement par un palissage contre les murs, mais encore au moyen d'auvents qui le protégent, et combattent les effets des giboulées, des pluies froides et des abaissements de température. Malgré ces précautions, il arrive souvent encore que la fleur, une des premières qui apparaissent dans nos jardins, se trouve détruite par les gelées. Aussi les amateurs ont-ils soin, tant que les froids sont à craindre, de l'abriter pendant la nuit avec des toiles.

Les terres à vignes chaudes et saines sont celles qui conviennent le mieux au pêcher. Il ne faudrait pas cependant un sol sec et brûlant : l'arbre viendrait mal et perdrait souvent ses fruits avant maturité. Dans les terres humides au contraire, il pousserait avec vigueur les premières années, mais serait sujet au chancre, et donnerait des fruits médiocres et en petite quantité.

Il est d'ailleurs, pour le pêcher, des contrées privilégiées, où il s'est acclimaté mieux qu'ailleurs. Là il donne en plein air, sur haute tige et presque sans soins, même dans nos pays, des produits passables, sinon véritablement bons. C'est ainsi que, dans les vignobles de la Bourgogne et des bords du Rhin, on trouve une quantité de pêchers, dont les fruits généralement petits, se ressèment d'eux-mêmes. Il y a, en Belgique même, une variété de pêcher qui réussit en plein vent à bonne exposition : c'est la *pêche d'Oignies*, précieuse à ce titre, et très répandue dans le Hainaut.

**Multiplication.** — Le pêcher se propage par le semis et le greffage.

On n'a guère recours au semis que pour obtenir des arbres de plein vent, qui sont ainsi beaucoup plus vigoureux que greffés. C'est le procédé que l'on emploie pour les pêches de vigne telles que l'*Alberge* en Bourgogne et la *pêche d'Oignies* dans le Hainaut. L'une et l'autre se reproduisent presque identiquement de semis.

Le *franc* ne s'emploie, pour greffer le pêcher, que dans le Midi, et encore est-il peu usité. Dans le centre de la France et jusque sous le climat parisien on greffe généralement sur *amandier*. Dans le Nord, on ne se sert comme sujet que du *prunier*. Les variétés préférées pour cet usage sont le *Damas noir* et le *Saint-Julien*. Les pépiniéristes emploient souvent le *Myrobolan* parce qu'il donne de fortes pousses dans les premières années. Mais aussi cette belle végétation ne tarde généralement pas à disparaître, et en somme ne produit rien de bon. On indique encore quelquefois le *prunellier des haies* : il fournit des sujets très nains, très précoces au rapport, mais de courte durée.

Le mode de greffage employé est l'écusson, qui se pose toujours en pied, c'est-à-dire à quelques centimètres du sol.

**Culture.** — Quand on veut obtenir un pêcher de plein vent, on sème un noyau provenant d'un arbre non greffé. Le jeune sujet a une croissance très rapide, et donne souvent, dès la première année, une pousse de 1 mètre, que l'on a soin de tuteurer.

Des faux-bourgeons se développent à l'aisselle des feuilles; on les pince sévèrement, surtout dans le voisinage de la flèche, mais sans les enlever, afin de ne pas nuire au grossissement de la tige. Quand, au bout de deux ou trois ans, celle-ci est suffisamment forte et élevée, on l'arrête à la hauteur de 1m50 environ. On en forme une tête comme nous l'avons vu pour le poirier en haut vent. Il faut chaque année prendre la précaution de tailler modérément les rameaux, pour éviter qu'ils se dénudent du bas, et supprimer avec soin le bois mort.

Soumis à la taille, le pêcher est d'une conduite beaucoup plus compliquée. Les principales formes qu'on lui impose sont la palmette et le candélabre, que l'on obtient d'ailleurs absolument de même que pour le poirier, à cette différence près que l'on rabat le scion l'année de plantation pour commencer dès lors les étages de branches, et que ceux-ci se distancent, non plus à 25 ou 30 cm., mais bien à 50 cm. Sur les pousses de l'année, il se développe des faux-bourgeons, surtout dans le voisinage de l'extrémité; afin de favoriser celle-ci, on a soin de les pincer autant de fois qu'il le faut. A la taille, chaque prolongement est coupé aussi long que le permet la végétation. Cela varie de moitié aux deux tiers de la pousse; c'est l'observation et la pratique qui servent de guides à cet égard.

Il importe pour le pêcher, plus encore que pour toute autre espèce d'arbre, d'assurer le développement des branches latérales. Il ne faut jamais commencer d'étage de branches avant de s'être assuré que l'étage inférieur est parfaitement constitué. Généralement même, pour les branches inférieures, on ne prend de série que tous les deux ans. Lorsqu'on ne prend pas de nouvel étage, on taille l'axe sur un œil situé le plus près possible de l'étage inférieur.

Afin d'avoir bien en face l'une de l'autre les deux branches d'une même série, on a recours à divers procédés. Le plus facile, c'est de choisir, à la hauteur de l'étage, un œil de devant bien constitué et de le couper par le milieu : les yeux stipulaires se développent et donnent deux ou trois bourgeons qui prennent naissance à la même hauteur. Cette opération se pratique à l'époque de la taille, alors que les bourgeons commencent à s'allonger et sont à peu près de la grosseur d'un grain d'avoine.

On peut aussi poser des écussons à la hauteur de la série de branches à obtenir. C'est du reste le procédé auquel on a recours lorsqu'un des yeux vient à s'annuler ou à manquer à l'endroit où l'on désire avoir plus tard une branche.

En résumé : ne chercher à obtenir de nouvelles branches latérales qu'autant que celles déjà obtenues sont au moins aussi fortes que l'axe; faire la taille aussi longue que le permet la vigueur de l'arbre, mais toujours de manière à assurer la sortie des yeux qui doivent fournir les coursons.

**Taille de la branche fruitière.** — Tout le traitement de la branche fruitière du Pêcher est basé sur ce fait que *le fruit se produit toujours sur un rameau de l'année précédente et jamais sur un rameau plus âgé.*

La préoccupation de l'arboriculteur sera donc de préparer chaque année des rameaux pour l'année suivante. Ces rameaux sont dits de *remplacement*. Ils remplacent en effet ceux qui ont déjà donné du fruit et sont devenus impropres à en produire de nouveau. Un seul rameau de remplacement par coursonne peut suffire. Cependant, pour plus de sûreté et chaque fois que les circonstances le permettent, on doit toujours chercher à en ménager deux.

Pour comprendre le mécanisme assez simple de la taille des branches fruitières du Pêcher, suivons le développement des yeux situés sur le prolongement d'une branche de charpente.

Ainsi que je l'ai dit, cette branche est raccourcie d'environ un tiers de sa longueur. Les yeux qu'elle porte se développent, et en mai, les bourgeons ont de 10 à 15 ou 20 centimètres. Remarquons que certains de ces bourgeons sont triples et d'autres doubles. Il faut n'en laisser qu'un seul à chaque place : on supprimera les plus forts pour ceux situés en dessus de la branche, et les plus faibles pour ceux placés en dessous. En même temps, on enlèvera tous les bourgeons situés en avant et en arrière, à moins que la suppression de l'un d'eux laisse un trop grand intervalle entre deux coursons successifs, auquel cas on pourra, par exception, conserver un de ces bourgeons d'avant, ou mieux encore un de ceux d'arrière. L'intervalle laissé entre les coursons doit être d'environ 15 cm.

Suivant leur position sur la branche, les bourgeons sont traités différemment. Dans la palmette et les autres formes à branches obliques ou horizontales, les bourgeons du dessous, défavorisés par leur situation et tendant toujours à rester faibles, sont laissés dans toute leur longueur, au moins jusqu'à ce qu'ils aient atteint un développement suffisant. Ceux du dessus, qui reçoivent davantage de sève, ont besoin d'être modérés dans leur vigueur par un pincement ; on en supprime la pointe herbacée dès qu'ils ont atteint de 25 à 30 centimètres. Ce pincement ne se fait que successivement et au fur et à mesure que les bourgeons atteignent la longueur indiquée. Toutefois, si l'on en remarquait dont le fort empatement et la vigueur dénotent une tendance à s'emporter en gourmands, on les pincerait au-dessus des feuilles de base dès qu'ils auraient 10 ou 12 cm. Deux ou trois bourgeons ne tarderaient pas à se développer. On en conserverait un pour la taille d'hiver, en le pinçant au besoin.

Les bourgeons les plus faibles, ceux du dessous des branches, ne sont arrêtés qu'à une longueur de 35 à 40 cm.

A la suite du pincement, il se développe des faux-bourgeons; s'il n'y en a qu'un, on le pince à 15 ou 20 cm.; s'il y en a deux ou trois, on revient, par une taille en août, sur le plus bas situé et on le traite lui-même par le pincement. Si des faux-bourgeons de second ordre se développent à leur tour sur le bourgeon anticipé, on supprime le plus haut par une taille, et l'on traite le plus bas par le pincement.

Pendant ces diverses opérations, c'est-à-dire dans le courant des mois de mai, juin et juillet, le prolongement continue à se développer. Je vous ai dit comment il faut le protéger et empêcher que des faux-bourgeons voisins de son extrémité prennent une trop grande force. Les faux-bourgeons, qui apparaissent sur une grande partie de la longueur du prolongement, peuvent se traiter comme nous venons de le voir pour les bourgeons ordinaires. Toutefois comme ils présentent un inconvénient que n'ont pas ceux-ci, on leur fait subir l'opération suivante : aussitôt que le jeune faux-bourgeon est assez fort pour être fendu avec la pointe d'un canif, on le transperce de part en part à 1 cm. ou 1 cm. 1/2 au-dessus de son insertion: là il se forme deux yeux sur lesquels on taillera l'année suivante. C'est précisément pour obtenir que ces deux yeux restent tout près de la branche de charpente que l'on prend cette mesure, sans laquelle ils seraient entraînés trop haut par l'allongement du faux-bourgeon.

On peut aussi parer à cet inconvénient de la manière suivante : dès que les feuilles stipulaires se montrent, on les pince au tiers environ de leur longueur ; en même temps, on coupe par le milieu la feuille principale.

Si nous avons bien suivi l'ébourgeonnement et le pincement de nos pêchers, la taille sera des plus faciles. Nous avons cherché à obtenir des branches à fruit de bonne force, ni trop grosses, ni trop faibles, avec des yeux bien constitués à leur base. Ici nous n'avons pas, comme dans le poirier, à attendre encore un an, ou même deux et trois ans que les boutons à fruit s'épanouissent : ils sont dès maintenant formés et prêts à nous donner leurs produits. Ces boutons à fruit sont généralement groupés deux à deux, et séparés par un bouton ou plutôt un œil à bois. Ils se distinguent facilement de celui-ci par leur forme arrondie et leur grosseur. Quelquefois cependant les boutons ne sont pas accompagnés d'yeux à bois.

Les boutons à fleur ne se trouvent que rarement à la base des rameaux; ils sont disséminés à une hauteur plus ou moins grande le long de ces rameaux. Nous taillons ces derniers sur 2, 3, 4 ou 5 boutons selon qu'ils sont plus ou moins forts. Les boutons se développent et donnent des fruits. Les yeux se développent en même temps en bourgeons. Or, dès que ceux-ci ont 5 ou 6 centimètres, nous les pinçons à deux feuilles lorsqu'ils n'accompagnent pas un fruit, et qu'ils ne sont pas les plus bas situés sur le rameau. Ceux qui accompagnent le fruit sont pincés à 10 ou 12 centimètres. Quant aux bourgeons de base, qui sont les remplacements, ils ne subiront de pincement qu'à une longueur de 30 cm. environ.

Il peut arriver que les fruits tombent; en ce cas, si les bourgeons de remplacement sont faibles, on taille tout au-dessus, aussitôt les fruits tombés; si au contraire ils sont forts, on conserve quelques autres bourgeons sur la longueur du rameau.

On ne garde, sur chaque coursonne, et quand la fructification est bien régulière, que deux pêches si l'arbre est jeune, et une seulement s'il est déjà un peu épuisé.

Les bourgeons doivent être palissés de manière à ce qu'il n'y ait pas confusion. Remarquons que le palissage est, dans la culture du pêcher, d'un grand secours pour obtenir des rameaux fruitiers d'une force convenable. Il sert à modérer la vigueur des pousses trop fortes, en les comprimant plus ou moins par les ligatures. Notons encore que les bourgeons qui se trouvent au-dessus des remplacements servent pour ainsi dire de gouvernail dans la conduite de ceux-ci. Plus on les pince court, plus ces derniers prennent de force, et inversement, plus on les laisse pousser, moins les remplacements reçoivent de sève et ont vigueur.

En résumé, sur chaque coursonne, nous pouvons avoir soit un ou deux fruits avec bourgeons pincés de bonne heure, soit simplement des bourgeons pincés, mais pas de fruits; dans l'un et l'autre cas, nous devons toujours trouver un ou deux bourgeons de remplacement à la base. C'est à avoir ces remplacements de bonne force, de la *grosseur d'un tuyau de plume*, disent les praticiens, que doivent tendre tous nos soins pendant la végétation.

A la taille rien de plus simple. Si le rameau *a* (fig. 38) a donné du fruit, nous le supprimons jusque sur le remplacement. Lorsque le rameau qui aurait dû fructifier n'a rien donné, il a été rabattu, pendant l'été précédent, jusque sur un remplacement. Celui-ci est taillé à 4 boutons à fruits, et la série d'opérations recommence. Si le remplacement est double, nous taillons sur le plus bas.

Il arrive que le remplacement du bas est faible; en ce cas, on le taille sur 4 yeux, sans lui conserver de fruit, ou bien s'il existe un second remplacement plus haut, celui-ci est taillé à fruit, et l'autre est taillé à 2 yeux. C'est ce que l'on appelle la *taille en crochet*, qui peut se faire du reste chaque fois que l'on a ménagé deux remplacements (fig. 38 et 39).

Nous avons jusqu'ici considéré le cas le plus ordinaire, celui

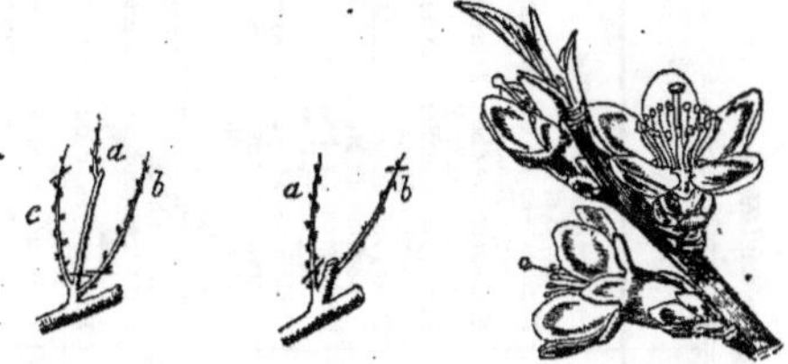


Fig. 38. — Taille du Pêcher. Fig. 39. — Taille en crochet. Fig. 40. — Branche à bouquet.

d'un rameau se développant normalement sur une branche de charpente. Mais sur les sujets en plein rapport, on voit d'autres sortes de branches fruitières analogues aux dards et aux brindilles des poiriers : ce sont les *branches à bouquet* et les *branches chiffonnes*. Les premières (fig. 40) sont très courtes et portent beaucoup de fleurs en rosette, avec un œil à bois au milieu. Celui-ci est naturellement conservé et traité comme remplacement. La branche chiffonne, grêle et allongée, est garnie de boutons à fruit sur toute sa longueur; le plus souvent elle est dépourvue de boutons à bois : en ce cas, elle n'est bonne qu'à être supprimée une fois qu'elle a fructifié. Quelquefois cependant elle a un œil à bois sur sa base; on le traite alors comme ci-dessus.

Le Pêcher se taille assez tard, et seulement quand les boutous à fruit sont bien apparents : autrement il est assez difficile de les

*Choix restreint de bonnes variétés de Pêches.*

| NOMS DES VARIÉTÉS. | MATURITÉ. | GROSSEUR, QUALITÉ DU FRUIT, ETC. EXPOSITION. |
|---|---|---|
| Amsden. . . . . . | Commencement de juillet. | Fruit moyen, bon. Variété recommandable pour sa précocité. E et S. |
| Précoce Béatrice . . . . | 2e quinzaine de juillet. | Fruit moyen, de 1e qualité pour la saison. Arbre vigoureux, fertile. E et S. |
| Mignonne hâtive . . . . | 2e quinzaine d'août. | Fruit gros, très bon. Arbre vigoureux, très fertile, propre à toutes formes. E. |
| Grosse Mignonne . . . . | 1e quinzaine de septembre. | Fruit gros, excellent. Arbre vigoureux, très fertile, propre à toutes formes. E. |
| Reine des vergers. . . . | Id. | Fruit gros, de bonne qualité. Arbre rustique et fertile. Exposition du Midi. |
| Bonouvrier. . . . . . | 2e quinzaine de septembre. | Fruit gros ou très gros, bon. Arbre robuste et fertile. Exposition E. et S. O. |
| Bourdine . . . . . . | Id. | Fruit gros, 1e qualité. Arbre très vigoureux, propre aux grandes formes. E. et S. O. |
| Newington hâtif (Brugnon). | Fin août. | Fruit gros, excellent. Arbre très fertile et rustique. Exposition Est. |
| Elruge (Brugnon) . . . . | 1e quinzaine de septembre. | Fruit moyen, 1e qualité. Arbre vigoureux et fertile, à mettre au Midi. |
| Galopin (Brugnon) . . . | Id. | Fruit très gros, bon. Arbre vigoureux et rustique. Est et Midi. |
| Pêche d'Oignies . . . . | Fin août. | Fruit moyen, 1e qualité. Cultivée et propagée de semis dans le Hainaut. |
| Alberge . . . . . . | Courant d'août. | Fruit moyen, assez bon. Se propage de semis. Cultivée en plein vent dans les vignes, en Bourgogne. |

reconnaître avant qu'ils aient commencé à s'arrondir. Comme la floraison du Pêcher est très hâtive, on est quelquefois surpris dans la taille par l'épanouissement des fleurs, qui tombent à la moindre secousse. C'est alors qu'un bon sécateur rend de grands services : la serpette occasionne des mouvements trop brusques.

La Pêche proprement dite est recouverte d'un fin duvet ; mais il est une autre race de Pêches à peau tout à fait lisse : ce sont les *Brugnons*, dont la qualité est en général moindre que celle des bonnes Pêches.

*Distances auxquelles il convient de planter les Pêchers.*

| | |
|---|---|
| Oblique simple . . . . . . . . . . . | 0m75 |
| — double . . . . . . . . . . | 1m50 |
| Forme en U. . . . . . . . . . . | 1m00 |
| Palmette simple . . . . . . . . | 6 à 8 m. |
| Candélabre à 3 branches . . . . . . | 1m50 |
| — 4 — . . . . . . . | 2m00 |

et ainsi de suite en augmentant de 0m50 pour chaque branche.

Parmi les nombreuses variétés de Pêches cultivées, voici quelques-unes des plus recommandables. (*Voir le tableau à la page* 110.)

---

## De la Vigne.

La Vigne est un des plus précieux et des premiers végétaux cultivés. Vous savez tous que la Bible fait mention de ceps plantés par Noé.

L'Asie est très probablement la patrie de la Vigne, du moins de notre Vigne à vin, car il en est d'autres espèces différentes en Amérique. A l'état sauvage, elle peut acquérir des dimensions considérables : s'attachant aux arbres, elle les couvre de ses innombrables ramifications, en escalade le sommet, et souvent en dépasse les cimes les plus élevées. Dans nos cultures, elle est loin d'atteindre un pareil développement; toutefois, certains vignobles du Midi sont ainsi formés de grands arbres supportant des vignes géantes.

De l'Asie, la Vigne n'a pas tardé à passer en Europe. D'abord introduite en Grèce, puis en Italie, elle s'est répandue de là dans les Gaules, la Germanie et la Grande-Bretagne. Elle est devenue l'une des principales sources de prospérité de la France, qui expédie ses vins dans toutes le contrées du monde.

**Climat et sol.** — Bien qu'originaire des pays chauds, la Vigne, par suite d'une culture dix fois séculaire, s'est avancée assez loin vers le Nord. Plante robuste par excellence, aussi remarquable par sa rusticité que précieuse par ses produits, elle a pu, grâce à une merveilleuse facilité à se plier aux diversités de climat, constituer des vignobles jusque vers le 51° degré de latitude nord.

Nous n'avons à étudier la Vigne que pour les produits qu'elle fournit en fruits de table : nous nous occuperons donc simplement de la culture en treilles.

Aucune espèce fruitière n'est plus accommodante sur la qualité du sol. Mais elle donne ses produits les plus beaux et les meilleurs, sinon les plus abondants, dans une terre chaude et pierreuse, et à une exposition bien ensoleillée. Elle prospère d'ailleurs dans nos jardins, et il n'est pas de plante cultivée qui profite mieux des engrais.

**Multiplication.** — Elle a lieu par semis, bouturage et marcottage. On peut également propager la vigne de greffage.

Le semis n'est guère usité que pour obtenir des variétés. Cependant, depuis l'apparition du Phylloxera, on a recours au semis pour se procurer des cépages américains dans les pays où l'introduction de plants étrangers est interdite. Les vignes de semis ne donnent de fruit qu'au bout de 4, 5 ou 6 ans.

Nous avons vu de quelle manière se font le marcottage et le bouturage de la vigne.

Quant au greffage, il n'est usité que pour changer une variété en une autre. Dans les pays phylloxérés, on greffe maintenant beaucoup les cépages français sur des sujets de vignes américaines résistantes au Phylloxera. Le greffage se fait à l'anglaise ou en fente à quelques centimètres au-dessus du sol; on butte ensuite pour enterrer le greffon qui ne reprendrait pas sans cela. On débutte à complète reprise. Il ne faudrait pas en effet que le greffon s'enracinât : autrement il deviendrait une véritable bouture, et le sujet ne tarderait pas à périr.

**Culture.** — La vigne en treilles se soumet à deux formes principales : le cordon horizontal et le cordon vertical.

**Cordon horizontal.** — Le cordon horizontal, dit *à la Thomery*, se compose le plus souvent de deux bras dirigés symétriquement sur des fils de fer. On distance les cordons de 0$^{m}$50 dans le sens vertical. Quant à l'espacement des pieds, il varie nécessairement avec la hauteur du mur, étant donné que chaque bras doit avoir un parcours de 1$^{m}$50. Pour un mur de 2$^{m}$30 de hauteur, par exemple, on établirait quatre cordons : le premier à 0$^{m}$30 du sol, les suivants distants verticalement de 0$^{m}$50 les uns des autres, les ceps étant espacés de 0$^{m}$75. Voici comment on obtient le cordon à la Thomery.

Supposons un cep à sa *première année*, c'est-à-dire ne comprenant encore qu'un sarment. On le taille à deux yeux. Les pousses sont, pendant l'année, palissées verticalement, et pincées à une hauteur d'environ 1 m. à 1$^{m}$30. Les faux-bourgeons sont eux-mêmes pincés à une feuille.

2$^{e}$ *année* : — Suppression du sarment le plus haut situé; taille du second à 4 ou 5 yeux, le dernier étant choisi en avant. Celui-ci donnera le prolongement de la tige; les autres fourniront du fruit. Le prolongement sera palissé verticalement et pincé à 1 mètre; les bourgeons de côté seront pincés à 2 ou 3 feuilles au-dessus du fruit. D'ailleurs, pincement des faux-bourgeons comme l'année d'avant. Remarquons que si le sarment le plus bas se trouvait être moins beau que le plus haut situé, on conserverait celui-ci comme prolongement.

3$^{e}$ *année* : — Suppression des sarments de côté; taille du prolongement, comme la 2$^{e}$ année. Et ainsi de suite à chaque taille jusqu'à ce que la tige arrive à la hauteur, ou mieux un peu au-dessous du fil de fer qu'elle doit suivre.

Alors, tailler sur 2 yeux, un de chaque côté. Aussitôt que les bourgeons obtenus seront suffisamment forts, les palisser horizontalement. Ce palissage ne peut guère se faire avant le mois d'août.

Veut-on avoir des yeux parfaitement opposés, qui donnent les deux bras du cordon à la même hauteur, on s'y prend de la manière suivante : on pince le prolongement à la hauteur où il doit se bifurquer; on renouvelle le pincement chaque fois qu'un bourgeon se développe. Une certaine quantité d'yeux se forment en cet endroit; à la taille on choisit les deux plus convenables et l'on détruit les autres.

Une fois obtenus, les deux bras du cordon sont taillés chacun sur 2 yeux, l'un en dessous ou en avant, l'autre en dessus. Ce dernier donnera un courson; l'autre continuera le cordon.

Pendant l'été, les bourgeons de prolongement sont palissés horizontalement et pincés seulement s'ils dépassent $1^{m}50$; les bourgeons pour coursonnes sont palissés verticalement et pincés lorsqu'ils atteignent le cordon immédiatement supérieur. Les faux-bourgeons sont pincés à une feuille.

L'année suivante, nouveau courson de chaque côté, et nouveaux prolongements. Le courson déjà obtenu est taillé à 2 bourgeons destinés l'un, celui qui est le plus éloigné de la base, à donner du fruit, après quoi il sera supprimé; l'autre, le plus rapproché, à être taillé l'année suivante, également sur 2 yeux.

Les pincements se font d'ailleurs comme susdit. Et ainsi de suite chaque année. Souvent on ébourgeonne complètement le sarment à fruits; mais on peut aussi lui donner le même traitement qu'au remplacement, c'est-à-dire pincer les faux-bourgeons à une feuille. On distance les coursons de 20 à 25 centimètres les uns des autres.

Au lieu de deux bras, on pourrait naturellement faire les cordons horizontaux à un seul bras; il faudrait dans ce cas planter les ceps plus serrés et leur donner un peu plus de parcours. On ménagerait deux coursons chaque année si la vigueur du cep le permettait.

**Cordon vertical.** — Le cordon vertical s'obtient plus facilement encore que le cordon à la Thomery. La seconde année de plantation, le sarment conservé est taillé à environ 35 ou 40 cm. du sol, sur 3 yeux bien constitués, l'un supérieur, situé en avant; les deux autres latéraux, situés un de chaque côté. Chaque année le prolongement est ainsi taillé sur trois yeux : un pour la continuation de la tige, les deux autres pour la formation des coursons. Les coursons se traitent d'ailleurs absolument de même que pour le cordon horizontal : 1re taille sur 2 yeux; 2e taille également sur 2 yeux, après suppression du sarment le plus éloigné de l'insertion du courson. On distribue les coursons aussi régulièrement que possible, en les espaçant, sur chacun des côtés, de 18 à 25 cm. Il faut toujours avoir soin de pincer plus long les sarments de base.

Nous avons vu que, pour les murs très élevés, on a recours aux palmettes alternées, les unes grandes, garnissant le haut de la muraille, les autres plus petites garnissant le bas.

Pour les murs très peu élevés au contraire, on peut adopter cet autre mode de conduite : on conserve un sarment unique, taillé à 1 m. de longueur, et palissé horizontalement. Les yeux de dessous sont supprimés; les bourgeons du dessus sont palissés verticalement, et destinés à fournir du fruit. A la taille, on supprime ce sarment, et on le remplace par un autre, ménagé sur le coude, ou un peu plus bas.

La taille se fait après l'hiver, en février et mars, avant le grossissement des yeux qui se détacheraient facilement si l'on attendait trop tard.

Souvent on soumet les raisins de treille au *ciselement*, opération qui consiste à enlever, avec des ciseaux à lames très allongées, les grains du centre des grappes et ceux qui paraissent mal venants. Ce travail se fait lorsque le grain a la grosseur d'un petit pois. On opère de telle sorte que, la grappe abandonnée ensuite à elle-même, les grains ne se touchent pas.

Il faut toujours avoir soin de supprimer les vrilles au fur et à mesure de leur apparition.

Lorsque les ceps sont âgés, on les rajeunit en les rabattant près de terre. On peut aussi les coucher dans le sol, pour ne laisser sortir que des sarments jeunes et forts qui remplaceront le vieux pied. Le plus souvent on se sert des pousses qui se sont développées après le rabattage, et on les couche de même. C'est ce qu'on appelle le *provignage*, expression qui s'applique également au marcottage de la Vigne.

Les horticulteurs recommandent de ne pas planter tout près du mur, mais à 1 m. de celui-ci; on s'en rapproche en deux fois, en couchant chaque année le sarment sur une longueur de 0m50. Cette pratique est bonne, mais on s'en dispense volontiers lorsqu'on a de bon plant enraciné.

Parmi les meilleurs raisins de treille, je vous recommanderai ceux-ci :

| NOMS DES VARIÉTÉS. | MATURITÉ. | GROSSEUR DU FRUIT, QUALITÉ, FERTILITÉ, ETC. |
|---|---|---|
| Madeleine royale . | Très hâtive. | Grappe blanche assez forte, de bonne qualité. Cep très vigoureux. |
| Morillon de Juillet . | Id. | Grappe petite et serrée; grain noir. Variété de seconde qualité, estimée cependant pour sa précocité. |
| Précoce de Malingre | Id. | Grappe jaune, moyenne, de bonne qualité. Cep très fertile. |
| Chasselas de Fontainebleau. . . . | Moyenne. | Grappe jaune, moyenne, excellente. Le plus estimé des raisins de table. |
| Chasselas rose . . | Id. | Grappe moyenne, rose, excellente. Très recherché. |
| Frankenthal . . . | Tardive. | Grappe magnifique; grain noir, très gros. Variété excellente et des plus recommandables. Dans le Nord, elle ne mûrit bien qu'en serre. |

*Distances auxquelles il convient de planter la Vigne en treilles.*

| | | | | | |
|---|---|---|---|---|---|
| Cordon horizontal à deux bras et à un seul étage. | | | | | 3 mèt. |
| » | » | » | 2 séries superposées | | 1m50 |
| » | » | » | 3 » | » | 1 m. |
| » | » | » | 4 » | » | 0m75 |
| » | » | » | 5 » | » | 0m60 |
| » | » | » | 6 » | » | 0m50 |
| Palmette ou cordon vertical . . . . . | | | | | de 0m80 à 1 m. |
| » à 2 séries (pour murs élevés). . . . | | | | | 0m50 |

Le cordon horizontal unilatéral ou à un seul bras se plante à des distances plus rapprochées de moitié que celles réservées au cordon bilatéral.

---

## De l'Abricotier.

On dit l'Abricotier originaire de l'Arménie; il paraît cependant qu'on ne l'y rencontre pas à l'état sauvage. Il est très cultivé dans certaines vallées de l'Himalaya, où son fruit entre pour une bonne part dans l'alimentation des habitants.

Chez nous, ce fruit, qui passe très rapidement, sert à préparer des confitures et des pâtes fort estimées.

**Climat et sol.** — Espèce essentiellement méridionale, l'Abricotier est l'arbre fruitier dont la récolte est la moins assurée dans les contrées du Nord. Son fruit n'acquiert toute sa qualité qu'en plein air et en pleine lumière : c'est ainsi qu'on le cultive jusqu'en Bourgogne. Mais, dans les pays septentrionaux, nous ne pouvons guère le planter dans ces conditions; c'est tout au plus si, en le mettant dans un endroit bien exposé et bien abrité soit par des accidents de terrain, soit par des bâtiments, nous pouvons espérer le voir réussir une fois en quatre ou cinq ans.

A moins d'une situation exceptionnellement favorable, il nous faudra donc recourir à l'espalier; encore devrons-nous, au moment de la floraison, l'abriter soigneusement par des auvents et des toiles. Les fleurs sont en effet très délicates; de plus elles apparaissent dès le milieu de mars, c'est-à-dire à l'époque des gelées imprévues et des variations brusques de température.

Le levant et le midi sont les meilleures expositions pour l'Abricotier.

Il lui faut une terre meuble, fertile et très saine. Dans un sol froid et humide, des gourmands se développent de toutes parts, la végétation dure longtemps, le bois n'a pas le temps de s'aoûter pour l'hiver et les extrémités gèlent. Si donc on voulait planter en terre de cette nature, il faudrait soigneusement drainer: creuser un trou de deux mètres de largeur et d'au moins un mètre de profondeur; en remplir le fond de plâtras et de menues pierrailles, puis faire la plantation de manière à tenir l'arbre sur un petit monticule.

**Multiplication et culture.** — L'Abricotier peut se multiplier de noyaux; mais il ne se reproduit pas franchement de cette façon; il n'y a guère d'exception que pour l'*Alberge*, dont les plants de semis ressemblent beaucoup au type. D'ailleurs les sujets francs sont moins vigoureux que ceux obtenus par le greffage sur prunier. Le Damas noir et le Prunier de Sainte-Catherine sont préférés pour cet usage. On greffe en écusson.

L'Abricotier se soumet aux mêmes formes que le Pêcher. Bien souvent on l'emploie pour garnir les façades des habitations. Il est alors conduit en candélabres ou en palmettes greffées sur tige.

On distance les branches de charpente de 25 à 30 cm; elles s'obtiennent absolument de même que celles du poirier. Quant aux branches fruitières, on les traite comme celles du pêcher; les bourgeons se pincent soigneusement à 7 ou 8 centimètres.

L'Abricotier repousse très facilement sur vieux bois; on utilise cette propriété pour rapprocher les coursonnes trop longues, et pour refaire une charpente à l'arbre quand la première est épuisée. Il suffit de couper les branches jusque sur le tronc; des bourgeons ne tardent pas à se développer; on s'en sert pour remplacer les branches abattues.

Les incisions doivent être évitées; elles provoquent la gomme, maladie à laquelle cet arbre est très sujet.

**Variétés.** — Je ne vous en citerai que quatre :

*Abricot Gros-Précoce* ou *Gros St-Jean.* — Très hâtif, à fruits gros et bons.

*Abricot-Pêche de Nancy.* — Mûrit en août. Fruit excellent; arbre vigoureux et fertile. C'est la variété la plus généralement estimée.

*Abricot Royal.* — Sous-variété du précédent, un peu plus hâtif et d'aussi bonne qualité.

*Alberge.* — Ancienne variété à petits fruits très estimés pour conserves.

*Distances auxquelles il convient de planter l'Abricotier.*

| | |
|---|---|
| Haute-tige ou plein vent. . . . . . | 5 m. |
| Oblique simple. . . . . . . . . . | 0m75 |
| — double . . . . . . . . . . | 1m50 |
| Forme en U . . . . . . . | de 0m50 à 0m60 |
| Palmette ordinaire . . . . . . . . | 6 m. |
| Candélabre à 3 branches . . . . . . | 0m90 |
| — 4 — . . . . . . . | 1m20 |
| — 5 — . . . . . . . | 1m50 |

---

### Du Coignassier.

Le Coignassier, qui nous est venu de l'Orient, s'est répandu dans toute l'Europe méridionale, et même dans le nord de la France, en Belgique et en Hollande; mais ses fruits ne mûrissent pas au-delà du 54e degré de latitude septentrionale.

C'est un petit arbre ne dépassant guère quatre mètres de hauteur. Son feuillage touffu et d'un beau vert, ses grandes fleurs blanches ou légèrement rosées et ses beaux fruits jaunes tenant bien à l'arbre lui donnent une certaine valeur décorative. Le coing exhale un parfum aromatique particulier et pénétrant; il ne peut se manger cru à cause de son âpreté; mais il fournit des compotes et des gelées excellentes et sert à préparer une liqueur digestive estimée. Il possède des propriétés astringentes souvent utilisées en médecine, et la décoction de ses pepins est employée dans certaines maladies des yeux.

Nous savons quels services le Coignassier rend aux arboriculteurs comme sujet pour le greffage du poirier.

**Sol, multiplication et culture.** — Le Coignassier vient à peu près dans tous les terrains; mais il prospère surtout à une exposition chaude et dans une terre meuble, un peu fraîche plutôt que sèche.

Il se multiplie de marcottes, de boutures et de greffes.

Le Coignassier ne s'accommode nullement de la taille. Le mieux est de le laisser pousser en liberté, en se contentant de supprimer les branches qui feraient confusion dans la tête de l'arbre.

**Variétés.** — Il est des Coignassiers à fruits arrondis en forme de pommes, et d'autres à fruits allongés et ventrus comme les poires. Ces derniers sont les seuls cultivés pour leurs fruits, et parmi eux, on préfère généralement, dans le Midi, le *Coignassier du Portugal*, que l'on greffe sur Coignassier ordinaire; dans le Centre, le *C. d'Angers*, et dans le Nord, le *C. ordinaire*, le plus rustique de tous.

---

## Du Noyer.

L'Asie Mineure est probablement la patrie de cet arbre qui peut acquérir de grandes dimensions.

La Noix cueillie jeune sert à préparer un sirop stomachique appelé *brou de noix*. Fraîche, elle est très bonne pour les desserts; sèche, elle se consomme encore, mais elle a perdu de sa qualité et est devenue plus indigeste. On peut lui rendre une partie de sa fraîcheur en la faisant séjourner dans du sable humide. Ce fruit donne une huile recherchée. Le bois du Noyer a une grande valeur, et il est très estimé par les ébénistes, les armuriers, les carrossiers, etc. La décoction de feuilles est quelquefois conseillée comme insecticide, et indiquée pour faire périr l'herbe dans les allées des jardins.

**Sol, multiplication et culture.** — Le Noyer redoute l'humidité. Il faut le planter de préférence sur les coteaux sains et abrités, car les gelées tardives le font souvent beaucoup souffrir et en compromettent la récolte. Il se plaît dans les terres perméables, mais pas trop légères ; les terres compactes ne lui conviennent pas. Sa tête large et touffue donne un ombrage qui ne permet pas la végétation d'autres plantes; aussi passe-t-il pour être nuisible aux cultures voisines.

Le Noyer se propage généralement par le semis, qui ne reproduit pas toujours franchement les variétés. Il peut se greffer; mais ce mode de multiplication lui réussit assez mal, et le bois perd de sa valeur, au moins dans la partie située au-dessus de l'insertion de la greffe.

Les soins à donner au Noyer se bornent à élaguer la tige au fur et à mesure de son grossissement, et à couper les branches qui feraient confusion dans l'intérieur de la tête de l'arbre.

**Variétés.** — On en cultive plusieurs, dont une dite *Noix à bijoux* donne de très gros fruits ; mais elle est d'ailleurs peu fertile et de médiocre qualité. La meilleure est encore la noix commune, à fruits allongés et à coque tendre, dite *Noix à mésange*. Il en est une sorte à végétation tardive, qui mériterait d'être essayée parce qu'elle a moins à souffrir des gelées : c'est la *Noix de la St-Jean*, qui a le fruit moyen et la coque dure.

---

## Du Groseillier.

Voici un arbuste aussi fertile que modeste, un arbuste aimé surtout des enfants, qui ont tant de plaisir à manger ses fruits dès les premiers jours de l'été. Jamais de repos pour ce vaillant Groseillier, dont la récolte, pour n'être pas toujours également abondante, n'en est pas moins toujours assurée. Alors que la prune manque, la groseille acquiert de suite une assez grande valeur, parce que, comme vous le savez, elle sert à préparer un sirop et des confitures universellement renommées.

**Sol, multiplication et culture.** — Le Groseillier vient partout et prospère même dans les endroits dédaignés par les autres espèces fruitières. Ce n'est pas une raison pour le reléguer, comme on le fait trop souvent, dans quelque coin perdu où il vit des années sans soins et sans qu'on y touche autrement que pour en récolter les fruits. Donnez-lui, au contraire, une place dans vos plates-bandes, ou bien consacrez-lui un petit carré; et puis tuteurez-le, taillez-le quelque peu, et vous serez surpris de l'abondance, de la beauté et de la qualité de ses produits. Car le Groseillier n'est pas un ingrat, et il dédommage au centuple des peines que l'on prend pour lui.

La multiplication se fait avec la plus grande facilité, soit de boutures, soit de drageons.

Abandonné à lui-même, le Groseillier devient buissonnant. Il sera bon, si vous le pouvez, de transformer ce buisson en vase, au moyen d'un cerceau qui maintiendra les branches écartées. Vous pourrez aussi en faire de petits cordons verticaux ou obliques, des colonnes, des tiges, des candélabres, que vous obtiendrez très facilement par les procédés ordinaires de la taille. Si vous avez, à l'ouest ou au nord, quelque coin de mur dont vous ne puissiez tirer parti autrement, plantez-y le Groseillier à grappes : il s'y plaira fort bien, et ses fruits s'y conserveront longtemps.

Les fruits du Groseillier poussent sur le bois de l'année précédente, à la base des rameaux et sur de nombreuses petites brindilles. Taillez les rameaux ordinaires à 1 ou 2 cm. au-dessus des boutons de base; quant au brindilles, il suffira de les éclaircir de temps à autre pour ne pas épuiser l'arbuste par un excès de production. Raccourcissez les prolongements à 20 cm. environ.

Afin de permettre à l'air et à la lumière de circuler sans obstacle, vous supprimerez le bois qui fait confusion, ainsi que les branches mortes. Chez le Groseillier, des yeux se développent fréquemment sur les vieilles branches : vous en profiterez pour rajeunir celles-ci. Pendant le cours de la végétation, il est bon de pincer à 5 cm. toutes les pousses qui ne sont pas destinées à fournir des branches de charpente. Il faudra enlever tous les drageons qui se produisent au collet, à moins d'en conserver un pour renouveler le sujet.

**Variétés.** — On distingue trois sortes de Groseilliers : le *groseillier à grappes*, le *cassissier* et le *groseillier à maquereau* ou *groseillier épineux*. Voici les meilleures variétés dans chacune de ces catégories :

1° *Groseilliers à grappes.*

*Groseille grosse rouge ordinaire.* — La moins acide et la meilleure des rouges.

*La Versaillaise.* — Grosses grappes rouges, de bonne qualité.

*Grosse blanche ancienne.* — La meilleure des blanches.

*Blanche de Hollande.* — Grappes longues, de bonne qualité.

2° *Cassissiers.*

*Cassis de Naples.* — Grappe courte et gros grain.

*Cassis ordinaire.* — Variété très fertile et très rustique.

3° *Groseilliers épineux.*

Les variétés sont très nombreuses et ne présentent guère de différences qu'au point de vue de la couleur et de la grosseur du fruit; celle-ci est d'ailleurs souvent une affaire de culture plutôt qu'une affaire de variétés.

## Du Framboisier.

Encore un modeste et bon serviteur, qui ne marchande pas sur la qualité du sol et sur la production, et qui pousse à peu près partout, si ce n'est dans les terrains brûlants.

Le Framboisier se plaît surtout aux expositions aérées, au nord, et dans les terrains un peu frais, qu'ils soient caillouteux ou non. Une fois qu'il a pris possession d'un endroit, il est difficile de l'en extirper; il trace, et ses drageons ne tardent pas, si l'on n'y met bon ordre, à envahir les cultures voisines.

Originaire de nos forêts où il donne un fruit petit, mais bien parfumé, le Framboisier a produit de fort belles variétés dont quelques-unes sont remontantes, c'est-à-dire fournissent des produits presque constamment de juin à octobre. La framboise sert à préparer des confitures et des sirops; on l'emploie quelquefois pour parfumer le vinaigre.

**Multiplication et culture.** — Comme le Groseillier, le Framboisier ne donne de fruits que sur les pousses de l'année précédente; mais ces pousses sortent de terre à chaque printemps, et remplacent au bout d'un an celles qui ont fructifié et se sont ensuite desséchées. Tout le traitement qu'on lui fait subir consiste à supprimer les rameaux qui ont donné du fruit, et à tailler les jeunes à une longueur d'environ 80 cm.

Le Framboisier se plante à 1 m. d'intervalle en tout sens. Il ne tarde pas à donner des touffes, sur lesquelles on ne conserve que de quatre à six brins chaque année, en arrachant tous les autres drageons. Ceux-ci servent à la multiplication.

Les brins taillés sont tuteurés soit réunis ensemble, soit, ce qui est mieux, écartés les uns des autres, avec un échalas pour chacun d'eux, soit encore palissés sur des fils de fer.

**Variétés.** — On en cultive un assez grand nombre. Parmi les plus recommandables, on cite, dans les variétés non remontantes, la *Rouge* et la *Jaune de Hollande*, et dans les remontantes ou bifères, la *Merveille rouge* et la *Surprise d'automne*, celle-ci à fruits jaunes.

---

### Du Noisetier, du Cornouiller et du Néflier.

Ce sont trois arbrisseaux indigènes qui atteignent de 3 à 5 m. de hauteur. On les trouve dans les haies, sur le bord et même dans l'intérieur des bois. Le Néflier est assez peu répandu et cantonné dans certaines forêts; mais le Noisetier et le Cornouiller sont très communs à l'état sauvage.

Le fruit du Noisetier, estimé pour les desserts, est en outre employé pour la fabrication d'une huile très douce. Les pousses du Coudrier ou Noisetier des bois sont recherchées à cause de leur flexibilité et de leur souplesse. On en fait des ouvrages de vannerie, des cerceaux, des cercles, des tuteurs, etc.

Le Noisetier vient à peu près partout, mais il ne se plaît pas dans les sols compactes et humides, et il prospère surtout dans les terres calcaires.

On le multiplie par semis, marcottage et drageonnage. Sa forme naturelle est le buisson; il ne demande pas d'autres soins que l'enlèvement des branches sèches et des drageons. Afin de rajeunir les touffes, il est bon de recéper de temps à autre les vieilles souches, et d'élever de nouvelles pousses à la place.

Les fruits du Néflier ne se mangent que blets, encore sont-ils très indigestes. L'arbre se plaît partout, si ce n'est dans les terres brûlantes et les sols mouillés. Il se greffe sur aubépine, en écusson ou en fente. On peut aussi le greffer sur coignassier et sur poirier. Il donne des buissons, ou s'élève sur petite tige.

Le Cornouiller est une essence des terrains calcaires ; il pousse dans les endroits mêmes les plus arides. La Cornouille a peu de valeur; on la consomme blette, et quelquefois on en fabrique de l'alcool. Le bois est très dur et recherché; il sert à faire des cannes, des manches d'outils, des fourches, des menues pièces dans certaines machines, etc. On le multiplie par semis et l'élève en buissons; sa croissance est très lente.

On possède une variété de Cornouiller à feuillage panaché de blanc et une variété de Noisetier à feuillage pourpre. L'une et l'autre ont une assez grande valeur ornementale.

Pour le fruit, on cultive surtout :

*Noisette franche blanche* et *Noisette franche rouge;*

*Nèfle grosse ancienne* et *Nèfle sans osselets;*

*Cornouille domestique*, à gros fruit côtelé.

TROISIÈME PARTIE.

ENNEMIS ET MALADIES DES ARBRES FRUITIERS.
ANIMAUX UTILES A L'ARBORICULTEUR.

I.

## Ennemis et Maladies des Arbres fruitiers.

Les arbres fruitiers sont attaqués par une multitude d'ennemis qui vivent à leurs dépens, prélèvent la dime sur les récoltes, et les anéantissent quelquefois complètement. Parmi ces ennemis, nous avons surtout à craindre les insectes; d'autant plus redou tables qu'ils sont plus petits, ils apparaissent par légions innombrables et s'en prennent à toutes les parties essentielles des végétaux. Nous aurions fort à faire s'il nous fallait passer une revue un peu complète de ces destructeurs qui s'attaquent à tout : racines, tiges, écorces, feuilles, bourgeons, fleurs, fruits.... Je ne vous signalerai que les plus communs, les plus dangereux, ceux dont les déprédations se renouvellent constamment. Je vous indiquerai les moyens de destruction les plus prompts; mais bien souvent ici la science de l'arboriculteur est en défaut, et il m'arrivera plus d'une fois de m'en tenir à cette indication : pas d'autre moyen de préservation que la chasse...

Oui, la chasse, la recherche patiente de ces terribles petits êtres qui s'enfoncent dans le sol, se cachent dans les crevasses des écorces, dans les fentes des murailles, sous la feuille, dans le bouton, dans la fleur, dans le fruit. C'est bien long et bien peu expéditif; mais nous n'avons pas l'embarras du choix. Et remarquez qu'il ne faut pas s'endormir : négligez de détruire quelques insectes, leurs descendants vous envahiront par milliers. La plupart sont d'une fécondité prodigieuse. Le hanneton pond de quatre-vingt-dix à cent œufs; la pyrale, de cent à cent quarante, déposés dans autant de grappes de raisins; la courtilière, de trois à quatre cents; la guêpe de douze à quinze cents. Les descendants d'une seule femelle de puceron peuvent fournir dans une année, jusqu'à douze générations successives, et chaque génération compte des milliers d'individus.

Il nous faut donc une vigilance de tous les instants : c'est une lutte continuelle, une lutte dans laquelle le paresseux et le négligent sont vaincus, dans laquelle le laborieux succomberait lui-même si la Nature ne lui avait donné des auxiliaires. Mais encore faut-il connaître ces auxiliaires, savoir apprécier leurs services, les seconder dans leur tâche, les protéger, et ne pas s'en rapporter uniquement à eux du soin de défendre nos récoltes.

Mais nous n'avons pas seulement à nous garantir contre les déprédations des animaux; parmi les végétaux eux-mêmes, il en est quelques-uns qui vivent en parasites sur les arbres et se nourrissent à leurs dépens; il en est même qui amènent la décomposition de leurs tissus, et par suite occasionnent la mort. Je veux parler de certains cryptogames, de champignons souvent microscopiques dont les dégâts peuvent être terribles : tels sont l'*Oïdium* et le *Peronospora* de la vigne, le *Blanc des racines*, commun à tous les arbres.

Enfin, comme les animaux, les plantes ont leurs maladies qui, sans être en général aussi redoutables que les insectes et les parasites végétaux, ne laissent pas cependant d'avoir quelquefois des conséquences graves. Il nous faudra aussi les combattre, et surtout, quand nous le pourrons, les empêcher de se produire. « Mieux vaut, dit un proverbe, prévenir le mal que le guérir ». En mettant nos arbres dans les conditions les plus favorables, en leur donnant les soins et les engrais qu'ils réclament, en nous gardant surtout de cultiver trop longtemps la même espèce dans la même place, en écartant en un mot de notre mieux toutes les causes d'affaiblissement, nous éviterons la plupart des accidents qui ne sont pas l'effet des influences atmosphériques. Celles-ci auront d'ailleurs d'autant moins de prise que les arbres seront plus forts et plus robustes.

Pour plus de facilité dans l'exposé des ennemis et des maladies qui attaquent les espèces fruitières, nous rangerons celles-ci en quatre groupes : 1° *Arbres à pepins*; — 2° *Arbres à noyau*; — 3° *Vigne*; — 4° *Arbustes fruitiers*.

### 1° *Ennemis et maladies des arbres à pepins.*

**Elater.** — Les *Elater* ou *Taupins* sont généralement connus sous le nom de *Maréchaux* ou *Toque-Marteau* de ce que, s'ils viennent à être couchés sur le dos, ils se retournent brusquement en produisant un bruit sec. Ce sont des insectes à élytres coriaces, brun noirâtre, longs de 1 cm. 1/2 à 2 cm. Leurs larves dévorent l'écorce des racines, font périr les petits arbres et causent parfois de grands dégâts dans les pépinières. On donne la chasse à l'insecte parfait.

**Hanneton.** — Plus redoutable encore parce qu'il est plus répandu. A l'état parfait, il mange les jeunes feuilles; sa larve, le *Ver blanc*, coupe les racines. En semant des laitues dans les plantations, on peut détruire un grand nombre de ces insectes. Très friands de cette plante, ils ne tardent pas à la ronger au collet; aussitôt que le dessèchement annonce leur présence, on creuse un peu la terre et on les tue. Le moyen le plus efficace de destruction est le hannetonnage. Pour éloigner ou détruire le *Ver blanc*, on recommande l'emploi du pétrole brut étendu d'eau. Il suffit de quelques grammes de pétrole par arrosoir.

**Courtilière.** — La *Courtilière* ou *Taupe-grillon*, surtout redoutable pour les plantes herbacées, peut aussi être nuisible aux jeunes semis d'arbres fruitiers qu'elle soulève dans ses promenades souterraines, et dont elle coupe les racines, On s'en débarrasse en versant à l'orifice des galeries quelques gouttes d'huile, puis lentement, au moyen d'un arrosoir, un filet d'eau. L'huile, entraînée par l'eau, s'attache au corps de l'insecte qui est bientôt forcé de sortir pour respirer plus librement. On le tue alors facilement. On obtient le même résultat en se servant de goudron de houille, qui est moins cher que l'huile, ou encore en employant le pétrole brut.

**Lisette** ou **Coupe-bourgeons.** — Ce dernier nom est significatif et indique les exploits de ce petit destructeur appelé *Rynchite* par les savants. La Lisette est un *Charançon* qui fait sa ponte dans les pousses tendres et jeunes des poiriers; au-dessous de chaque piqûre ou dépôt d'œuf, elle coupe le bourgeon aux trois quarts. La partie coupée ne tarde pas à se dessécher. Aussitôt qu'on s'en aperçoit, il faut la jeter au feu, afin de détruire l'œuf.

**Anthonome.** — Celui-ci est un autre *Charançon* qui pond dans le bouton à fruits du poirier et du pommier. Recueillir les boutons secs et les fleurs flétries avant la sortie du petit ver qui les ronge, et brûler le tout. On a remarqué que l'Anthonome attaque peu les arbres en espalier, et qu'il a une prédilection particulière pour certaines variétés de poiriers.

**Tigre** (*Tingis*). — Sorte de petite punaise de couleur brune qui, dans certains pays, fait grand tort aux espaliers, mais se trouve plus rarement sur les sujets en plein air. En août-septembre, le Tigre se tient sous les feuilles et y produit, par ses piqûres, de petites boursoufiures brunes qui leur donnent une apparence tigrée. On conseille d'employer les aspersions d'eau de tabac.

**Pucerons.** — Vivant par familles nombreuses sur la face inférieure des feuilles et sur les jeunes bourgeons des arbres fruitiers dont ils sucent la sève, ces petits insectes causent quelquefois de graves dommages. Sous leurs attaques, les feuilles se contournent et les pousses nouvelles ralentissent ou arrêtent leur développement. Les Pucerons secrètent, par deux petites cornes qu'ils portent à l'arrière de leur abdomen, une substance grasse et sucrée appelée *miellat*. Cette matière visqueuse, en s'accumulant sur les feuilles, contrarie les fonctions respiratoires. Elle est très recherchée par les fourmis, qui accourent pour sucer les cornicules : on peut dire que les Pucerons sont pour eux de véritables vaches à lait. Leur présence sur les arbres indique presque toujours la présence des Pucerons.

Pour les détruire, tremper les extrémités envahies dans de l'eau de tabac(1), et recommencer à diverses reprises. Les jeunes pousses étant fragiles, il faut opérer avec précaution.

Lorsque les parties attaquées par le Puceron ne peuvent être trempées dans l'insecticide, on projette celui-ci à la seringue, en le lançant de bas en haut, afin d'atteindre la face inférieure des feuilles.

Il est une espèce de Puceron recouvert d'un duvet blanc qui le cache presque entièrement, c'est le *Puceron lanigère*, dont la couleur est rougeâtre, et qui est dépourvu de cornicules. Le Puceron lanigère est spécial au pommier, pour lequel il est parfois un véritable fléau. Par ses piqûres, il occasionne, sur les tiges et les rameaux, des boursouflures, des gibbosités, des déformations de toute nature, qui peuvent produire la mort de l'arbre, et, dans tous les cas, lui font beaucoup de mal. Il se cache dans toutes les fissures, et n'est pas très facile à atteindre. Le meilleur moyen de le détruire, c'est de le frotter énergiquement au moyen d'un pinceau dur trempé dans du pétrole brut, ou mieux encore dans de l'alcool dénaturé. Il faut recommencer à diverses reprises, parce que les œufs, cachés dans l'épaisseur de l'écorce, n'éclosent que successivement.

---

(1) Le jus de tabac est en général un très bon insecticide. On l'emploie plus ou moins étendu d'eau suivant sa force. Il est bon de l'éprouver avant de s'en servir, c'est-à-dire d'en mouiller quelques jeunes bourgeons et d'attendre pour s'assurer s'il ne leur a pas causé de préjudice. En France, les jus concentrés provenant des manufactures de l'État doivent être additionnés de vingt à cent fois leur volume d'eau, plus ou moins selon leur degré de concentration, l'état plus ou moins herbacé des pousses et la résistance de l'insecte.

La décoction de feuilles de tabac rend les mêmes services que les jus livrés par les manufactures.

**Tenthrède ou Ver-limace.** — Sur les feuilles du poirier, on rencontre souvent en juillet-août une larve noire, gluante, ressemblant à une petite sangsue : c'est le Ver-limace, qui dévore le parenchyme des feuilles. On l'écrase en repliant et serrant le limbe de la feuille entre les doigts. On peut aussi le détruire en saupoudrant les arbres attaqués avec de la chaux pulvérisée ou de la cendre de bois.

**Chenilles.** — Cette nombreuse catégorie d'insectes est redoutable pour nos jardins. Vous savez que toutes les Chenilles proviennent de papillons : il est difficile de prendre ceux-ci ; mais leurs œufs et les Chenilles qui en sortent se détruisent sans grande peine.

Parmi les papillons les plus nuisibles, je vous citerai les Bombyx et les Géomètres, qui comptent les uns et les autres de nombreuses espèces. Nous avons surtout à craindre les suivantes :

*Bombyx livrée*, dont les œufs sont déposés en forme de bagues autour de menues branches d'arbres, et dont les nids sont de petites tentes soyeuses où les Chenilles se rassemblent pendant le jour.

*Bombyx disparate.* Ses œufs sont réunis en petits paquets entourés d'une enveloppe brunâtre et feutrée ressemblant à de l'amadou.

*Géomètre effeuillante.* Les Chenilles de cette espèce ont reçu le nom de Géomètres ou Arpenteuses de ce que, pour marcher, elles relèvent le milieu de leur corps de manière à simuler un compas.

Dans certaines années, ces Chenilles sont de véritables fléaux. On n'a pas d'autre moyen de les détruire que de les écraser. Pour empêcher les Géomètres de se propager, on conseille d'enduire de goudron la base des arbres attaqués. Les femelles, qui se métamorphosent en terre, sont obligées, pour pondre, de grimper le long des tiges, parce qu'elles ne peuvent pas voler. Le goudron les arrête. On comprend l'importance de ce moyen quand on sait que chaque papillon pond de trente à quarante œufs.

**Pyrales.** — Ce genre d'insectes compte, comme la Chenille, de nombreuses espèces. Ce sont celles-ci qui fournissent la plupart des petits vers que l'on voit trouer les fruits. Avant que ces vers soient sortis, il faut avoir soin de ramasser tous les fruits attaqués, et de les donner aux porcs ou de les jeter dans l'eau, ou encore de les enterrer profondément. Il ne faut pas trop compter sur ce dernier moyen, parce que la larve se métamorphose en terre.

**Yponomeute.** — C'est une curieuse Chenille qui se retire dans des feuilles qu'elle enroule en tube, ou qu'elle réunit par des fils soyeux. Il en est plusieurs espèces, dont une, l'*Yponomeute cousine*, est redoutable pour le pommier. On la détruit en enlevant et brûlant les nids.

**Cécydomie.** — En mai-juin, on voit souvent des poires s'arrondir, se noircir et tomber. Ouvrez-les, vous trouverez la larve jaune ou blanc rougeâtre de la Cécydomie. Ne négligez pas de ramasser et de brûler ces fruits alors qu'ils renferment encore l'insecte.

**Limaces et Limaçons.** — Ils attaquent les jeunes bourgeons et quelquefois l'épiderme des fruits. On leur donne la chasse après une pluie ou à la rosée. La chaux vive en poudre et la cendre s'attachent à leur corps et les font périr.

**Jaunisse ou Chlorose.** — On appelle ainsi une maladie qui se manifeste par le jaunissement des feuilles et un arrêt ou un ralentissement très sensible dans la végétation. Elle attaque tous les arbres, mais elle est surtout fréquente chez le poirier. Cette affection est due le plus souvent au manque de profondeur et à l'épuisement du sol. On a recommandé, pour la combattre, les arrosages et les aspersions de sulfate de fer dissous dans l'eau à raison d'un ou deux grammes par litre d'eau. Mais il paraît que le reverdissement des feuilles ainsi obtenu n'est qu'une coloration artificielle et nullement une guérison. Il vaut mieux recourir à la déplantation quand il est possible de transporter les arbres dans un sol meilleur, ou au renouvellement de la terre autour des racines lorsqu'on ne peut pas transplanter.

**Brûlure.** — Dans certains sols, il arrive en juillet-août que les jeunes pousses des poiriers se dessèchent à leur extrémité, qu'elles *grillent*, suivant l'expression courante. On ne connaît point la cause de cet accident, non plus que de remède pour le combattre. On pense cependant qu'il est dû au séjour de l'eau dans le sous-sol, et que la brûlure se produit quand les racines atteignent cette partie humide. Aussi conseille-t-on de drainer convenablement lors des plantations, surtout lorsqu'on a affaire à un sous-sol imperméable.

**Chancres.** — Souvent produits par des blessures, les chancres se déclarent aussi quelquefois spontanément sur certains arbres, notamment sur quelques variétés délicates de pommiers, et dans les sols froids et humides. Il faut enlever jusqu'au vif toute la partie atteinte, la râcler et ne plus rien laisser que de sain. On conseille de frotter ensuite la plaie avec des feuilles d'oseille, puis, une fois desséchée, de la recouvrir de mastic à greffer.

**Rouille.** — Due à une espèce de champignon, cette affection se manifeste par des taches rousses sur les feuilles. Elle se produit surtout dans les années humides; on ne connaît pas de moyen de s'en débarrasser.

**Blanc des Racines.** — On désigne sous ce nom certains champignons très petits qui se développent sur les racines et amènent promptement la mort du sujet. Ces champignons appartiennent à diverses espèces, variables suivant les sols, les essences, etc.

On n'a pas encore, jusqu'à ce jour, indiqué de moyen pratique pour détruire le Blanc des racines et surtout pour en débarrasser, sans leur nuire, les arbres qui en sont atteints. On n'est même pas bien fixé sur son origine. Toutefois il paraît établi que ces champignons se développent lorsque des branches ou des racines en décomposition sont laissées enfouies dans le sol. On a remarqué en effet que le Blanc des racines se manifeste surtout dans le voisinage des arbres morts dont on n'a pas extirpé soigneusement toutes les racines; il apparaît plus particulièrement dans les terrains emplantés de vieille date : c'est la maladie des vieux sols.

Aussi, pour l'éviter, recommande-t-on expressément de ne

jamais enterrer, lors des labours et des défoncements, de branches mortes, de débris de bois, et d'enlever avec le plus grand soin tous les fragments de racines. On conseille même de ne pas laisser se dessécher et pourrir sur place les greffons que l'on a l'habitude, dans les pépinières et les jardins fruitiers, de piquer au pied des arbres.

**Mousses et Plantes parasites.** — Il faut avoir grand soin de les enlever. On se sert pour cela d'un émoussoir; faute de cet instrument spécial, on peut employer un couteau à lame longue et non tranchante. En même temps que la mousse, on fait tomber les vieilles écorces qui se détachent par écailles ou plaques plus ou moins larges. Sur les parties nettoyées, on applique ensuite un lait de chaux au moyen d'un gros pinceau ou d'une seringue. On opère par un temps humide, en février ou mars, avant le gonflement des bourgeons.

### 2° *Ennemis et Maladies des Arbres à noyaux.*

Les arbres à noyaux sont, comme ceux à pepins, exposés aux invasions du Puceron. Comme eux aussi ils ont à redouter une espèce de Tenthrède qui cause des dégâts, dans quelques contrées de l'Allemagne, aux pruniers, aux abricotiers, et surtout aux pêchers; une Pyrale qui est parfois un fléau pour le prunier et le cerisier; diverses espèces de Chenilles, Bombyx et autres.

La *Teigne* du pêcher vit dans les feuilles enroulées et les dévore à l'intérieur.

L'*Ortalide*, sorte de mouche, pond dans les guignes, les bigarreaux et autres cerises douces, et sa larve s'y développe.

Les fruits du cerisier sont aussi particulièrement recherchés par certains oiseaux, surtout par le *Moineau*. Ce dernier n'est point facile à éloigner : il se rit des épouvantails et se familiarise promptement avec les mannequins. On dit qu'il craint les objets de couleur rouge, fils tendus, lambeaux d'étoffe ou de papier, petits drapeaux flottants, etc. Quoi qu'il en soit, il est fort rusé et s'effraye difficilement, ne s'enfuyant que pour revenir bientôt. En réalité, il ne redoute guère que les armes à feu.

Le pêcher, comme aussi le poirier et quelquefois la vigne en espalier, porte souvent, collés à ses branches, des insectes dont le corps est ovoïde et brunâtre ou blanchâtre. Ce sont les *Kermès*, qui sucent la sève à travers l'épiderme. A cause de la carapace qui les recouvre, ils sont fort peu sensibles à l'effet des insecticides. Aussi, pour les détruire, faut-il les détacher par des brossages énergiques ou des grattages au moyen d'une spatule, puis laver l'emplacement avec des insecticides, eau de tabac concentrée, lait de chaux, etc. Une infusion de *quassia amara*, mélangée à une dissolution de savon noir, paraît donner de bons résultats.

Les maladies des arbres à fruits à noyau sont assez nombreuses, surtout pour le pêcher.

**Gomme.** — Cette affection est due à des causes diverses qui nous échappent souvent. Un sol humide et les changements brusques de température paraissent la favoriser. Elle apparaît souvent aussi après des coups, blessures ou meurtrissures. Un arbre fortement atteint de gomme perd les branches attaquées et quelquefois même périt tout entier. Enlever jusqu'au vif les dépôts qu'elle forme, les laver, puis les recouvrir de cire à greffer.

**Cloque.** — Elle apparaît exclusivement sur le pêcher, après les variations subites de température. Elle est due à un champignon microscopique, et se manifeste par le boursouflement, la crispation des feuilles. Il faut enlever celles de ces dernières qui sont atteintes, en conservant une portion du pétiole. Le mieux est de prévenir cet accident, autant qu'on le peut, par l'emploi d'auvents.

**Blanc.** — C'est encore un champignon qui cause cette affection. Il se développe sur les feuilles, les jeunes bourgeons et même les fruits du pêcher, qu'il empêche de grossir. On s'en débarrasse en saupoudrant de fleur de soufre les parties atteintes.

Le *Blanc des Racines* n'épargne pas plus les arbres à noyau que les espèces à pepins.

**Grise.** — La Grise n'est pas à proprement parler une maladie, mais un état de souffrance déterminé par la présence, sous les feuilles, d'une très grande quantité d'araignées microscopiques. Celles-ci, dont la réunion donne à la feuille une apparence grisâtre, sucent la sève; et, sous cette influence, la feuille se contourne et tombe.

La fleur de soufre est le remède employé; on la projette à la main ou avec un soufflet aussitôt que l'affection se déclare. On opère par un beau temps, parce que c'est la chaleur du soleil qui amène le dégagement du gaz sulfureux qui tue les parasites. Afin que la poudre adhère mieux aux feuilles, on prend quelquefois la précaution de les bassiner légèrement, en ayant soin d'en mouiller la face inférieure.

3° *Ennemis et Maladies de la Vigne.*

La Vigne, arbuste rustique par excellence, a cependant, elle aussi, des ennemis dangereux. Parmi les plus redoutables, je vous signalerai tout particulièrement les suivants :

**Eumolpe.** — Long de 4 à 5 millimètres, cet insecte a reçu divers noms qui ne préviennent pas en sa faveur. Suivant les localités, on l'appelle *Gribouri*, *Pique-Brocs*, *Vendangeur*, *Coupe-Bourgeons*, et aussi *Ecrivain*, à cause des traces qu'il laisse sur les feuilles en les rongeant. L'Eumolpe a la tête et le corselet noirs, les élytres roux fauve. Il cause parfois des dégâts considérables dans les vignobles; peu de temps après leur apparition, il dévore les feuilles, les grappes, les jeunes bourgeons. Aussitôt qu'on s'approche, l'insecte, extrêmement défiant, se laisse tomber sur le sol et fait le mort. On n'a aucun moyen vraiment efficace pour le détruire.

**Pyrale.** — C'est un petit papillon roussâtre dont la chenille verte avec tête brune, peut atteindre d'un centimètre et demi à deux centimètres de longueur. Cette chenille lie en paquets les feuilles et les jeunes grappes, et renfermée dans cet abri, dévore tout autour d'elle. Pendant l'hiver, elle se retire sous les vieilles écorces et dans les fentes des échalas, pour s'y établir après avoir filé un cocon. C'est là qu'on l'atteint en jetant de l'eau bouillante sur les ceps et en passant les échalas au four.

**Rynchite.** — On appelle aussi *Lisette* cet insecte d'un vert doré brillant très préjudiciable aux vignes. La Lisette roule les feuilles en cylindres, les perce et en coupe les pétioles. Il faut enlever toutes ces feuilles et les brûler.

**Phylloxera.** — Voici, à beaucoup près, l'ennemi le plus redoutable des vignobles; il a ravagé le midi de la France, et après avoir envahi la Bourgogne, il menace aujourd'hui les vignes de la Champagne et de la Lorraine. On n'a pas encore trouvé de moyen vraiment pratique pour s'en débarrasser, et l'on en est réduit à replanter les vignobles en espèces américaines résistantes à l'insecte, pour ensuite greffer les ceps en vignes françaises.

**Peronospora** ou **Mildew.** — Le *Peronospora*, appelé aussi *Mildew*, est un champignon qui cause de grands ravages dans les vignobles du centre et du midi de la France. On a récemment découvert un moyen aussi efficace que simple et peu coûteux de s'en débarrasser. Il suffit de se servir, pour tuteurer les vignes atteintes ou menacées, d'échalas ayant séjourné pendant 24 heures dans un bain contenant du sulfate de cuivre ou vitriol bleu, dans la proportion de 10 kilos de sulfate de cuivre pour 100 litres d'eau. On obtient les mêmes bons résultats en trempant dans cette solution les ligatures destinées à attacher les vignes. Si le mal persiste, il faut, pendant la végétation, asperger les ceps à plusieurs reprises avec de l'eau sulfatée. Pour cela, on emploie, par hectolitre d'eau, de 1/2 à 1 kilo de sulfate de cuivre, plus ou moins suivant l'intensité du mal.

Le *Peronospora* s'attaque surtout aux feuilles qu'il couvre d'une sorte de moisissure et fait tomber, empêchant ainsi toute végétation. Il est toujours bon de ramasser et de brûler ces feuilles.

**Pourridié.** — Comme les autres espèces fruitières, la vigne a son *Blanc des racines*, auquel on a donné le nom particulier de *Pourridié*. Cette affection a surtout frappé certains vignobles du nord-est de la France. Les ceps atteints dépérissent d'année en année, donnant une végétation de plus en plus maigre, des pousses de plus en plus chétives, des feuilles de plus en plus petites, pour mourir au bout de trois ou quatre ans. On n'a pas encore trouvé de remède contre ce parasite, qui gagne de proche en proche et se développe de préférence dans les terres fortes et compactes. Il n'a guère été signalé que depuis une douzaine d'années.

**Oïdium.** — Ce champignon se répand sur les feuilles, les tiges et les grappes, dont les grains se durcissent, crèvent et pourrissent. Il est particulièrement redoutable pour les vignes en treilles. On en arrête les ravages par la fleur de soufre projetée à la main, ou au moyen d'un soufflet spécial, ou encore au moyen d'une houppe. Pour combattre efficacement le mal, il faut s'y prendre à l'avance. On donne un premier soufrage au moment de l'ébourgeonnement, ou mieux encore aussitôt l'apparition des feuilles; un second à l'époque de la floraison; un troisième et même un quatrième plus tard encore si c'est nécessaire.

**Destructeurs des grappes mûres.** — Il arrive aux *Oiseaux*, aux *Guêpes* et aux *Loirs* d'attaquer les grappes mûres.

Quelques coups de fusil éloignent les premiers. J'ai vu tendre, pour les empêcher d'approcher, un simple cordeau de jardin en avant de la treille. On recommande aussi de disposer des fils de laine rouge sur les ceps et le long des murs, et de poser de place en place des papiers ou de petits drapeaux rouges. Vous pourrez essayer de ce procédé qui peut éloigner les oiseaux pour un temps, mais qui ne réussit malheureusement pas toujours complètement. Mieux vaut encore une toile claire appliquée en avant du mur.

On détruit beaucoup de Guêpes en suspendant de place en place le long des treilles, des fioles enduites de miel à l'intérieur et contenant un peu d'eau.

Quant aux Loirs, qui aiment aussi beaucoup les pêches, on leur fait la chasse à coups de fusil. Les piéges paraissent peu efficaces.

### 4° *Ennemis et Maladies des Espèces fruitières arbustives.*

Le Groseillier est assez fréquemment envahi par une *Tenthrède*, sorte de chenille verte, longue de 7 à 8 millimètres, provenant d'une mouche qui apparaît en mai et juillet. Cette chenille pullule quelquefois et dévore toutes les feuilles en peu de temps. On secoue les branches sur une toile et l'on détruit ainsi facilement cet ennemi. On conseille aussi d'arroser les groseilliers infestés avec une infusion de *quassia amara*, ou une dissolution de savon noir, ou mieux encore de salpêtre, à raison de 150 grammes de salpêtre pour 20 litres d'eau.

Dans l'intérieur des tiges du même arbuste vit quelquefois une larve blanchâtre à tête brune, fournie par la *Sésie*, espèce de papillon ressemblant assez à une guêpe. On en reconnaît la présence par les déjections qu'elle fait tomber au dehors. Il faut la tuer, soit en incisant le rameau attaqué, soit en introduisant dans la galerie un fil de fer recourbé en crochet à son extrémité. Avec un peu d'habitude, on retire ainsi très facilement l'insecte et on l'amène au dehors. Ce procédé sert d'ailleurs pour détruire les larves de plusieurs sortes, notamment celles du *Grand Capricorne*, du *Cossus gâte-bois*, de la *Zeuzère*, etc., qui creusent de profondes galeries dans le tronc des arbres, peupliers, saules, érables, sorbiers, poiriers, pommiers, etc., et occasionnent souvent des dégâts considérables.

Les Noisettes contiennent souvent un petit ver blanc à tête brune : c'est la larve du *Balanin*, qui gâte parfois presque entièrement ces fruits. Dans un jardin éloigné des bois, on peut diminuer le nombre de ces insectes en ramassant et brûlant toutes les noisettes véreuses. Les arbustes fruitiers sont peu sensibles aux parasites et aux maladies.

## II.

### Nos Auxiliaires.

Si nos arbres ont de nombreux ennemis, ils ont aussi des défenseurs, qu'il nous importe de connaître et de protéger.

Gardez-vous de détruire l'innocente *Chauve-souris* qui, chaque soir, dans les journées chaudes, donne la chasse aux insectes, hannetons, mouches, papillons nocturnes, etc.

Ne confondez pas la *Musaraigne* avec la *Souris*. Celle-ci est nuisible; celle-là, qui se distingue par son museau beaucoup plus allongé, ne saurait vivre que d'insectes. Après la chute du jour, elle se promène et fait la chasse à divers destructeurs.

Ne tuez pas le *Blaireau*, qui est un grand consommateur de vers blancs, de bourdons, de sauterelles, de hannetons, etc.

Le *Crapaud*, malgré son aspect répugnant, le *Lézard*, aux allures si vives, méritent aussi votre protection. Le premier se nourrit de limaçons, de lombrics, de chenilles, de cloportes; le second saisit avec une grande dextérité, les mouches qu'il rencontre.

C'est surtout parmi les oiseaux que nous avons nos alliés les plus utiles et les plus vigilants.

La *Fauvette*, la *Mésange*, le *Martinet*, l'*Hirondelle*, la *Bergeronnette*, le *Gobe-mouches*, le *Troglodyte*, le *Roitelet*, etc., nous rendent d'importants services en se nourrissant de chenilles, papillons et autres ennemis de nos cultures.

Le *Traquet* consomme une quantité de larves du taupin.

L'*Engoulevant* attrape au vol les papillons de nuit, phalènes, géomètres, etc.

Le *Grimpereau* explore les écorces des vieux arbres et sait y découvrir les larves de toute sorte.

Le *Moineau* lui-même, notre Moineau pillard et gourmand, saisit les hannetons, les chenilles et les chrysalides qu'il peut trouver. Malheureusement il ne travaille pas pour rien et se paye largement de ses peines. Nous le voyons dévorer nos cerises, nos raisins et quelquefois, dit-on, les jeunes bourgeons de nos arbres. Cependant, tout compte fait, ses services paraissent compenser et au-delà ses brigandages. En Prusse et dans certaines contrées de l'Angleterre, on avait banni le Moineau. A la suite de cet exil, des myriades d'insectes apparurent, et l'on fut obligé de le réhabiliter et de le réintroduire.

Nous avons des auxiliaires jusque parmi les insectes : ceux-ci ne sont pas nombreux, il est vrai, mais ils n'en méritent que mieux notre reconnaissance. Sans parler de l'*Abeille* qui, en butinant dans les fleurs, favorise leur fécondation et la formation des fruits, nous trouvons plusieurs insectes fort utiles en ce qu'ils s'attaquent à nos ennemis.

Le *Théridion bienfaisant,* petite araignée qui à l'automne étend, devant les treilles, ses toiles si légères et si délicatement tissées, empêche ainsi les mouches et les guêpes de s'en approcher et de sucer les grappes.

Le *Carabe doré,* que vous avez tous admiré faisant reluire au soleil ses élytres d'un vert changeant, poursuit sans relâche les chenilles, les lombrics et mêmes les hannetons.

Le *Carabe noir* n'est pas moins vorace ni moins utile.

Le *Staphylin*, si curieux parce qu'il redresse la partie postérieure de son corps quand on l'approche, seconde à merveille les Carabes.

Les *Coccinelles*, ces jolis petits insectes jaunes ponctués de noir, dévorent des quantités considérables de pucerons.

L'*Hémérobe*, qu'un naturaliste a appelé *lion des pucerons*, ne le cède en rien aux Coccinelles. Sa larve fait un grand carnage de pucerons. Il ne faut pas détruire les œufs de l'Hémérobe, qui ressemblent à de petits champignons. Blancs, arrondis, gros tout au plus comme une tête d'épingle, ils sont fixés en dessous des feuilles, par l'intermédiaire de petits filaments. On les trouve surtout sur les arbres attaqués par les pucerons.

Les *Nécrophores* placent dans le corps des autres animaux le berceau de leur famille; mais ils ne s'adressent qu'aux morts. Aussi les voit-on constamment occupés à enterrer dans le sol les petits animaux, crapauds, souris, taupes, reptiles, etc. dont les cadavres empesteraient l'air. C'est là une mission hygiénique dont ils se tirent à merveille, aidés en cela par les *Sylphes* ou *Boucliers,* qui déposent aussi leurs œufs dans les corps inanimés.

Parmi les espèces de Sylphes, il en est une qui ne se nourrit que de proies vivantes et se tient dans les arbres pour y faire la chasse aux chenilles et aux larves des mouches à scie.

Les *Ichneumons* et les *Mouches tachines* pondent leurs œufs dans le corps des chenilles. Mais à l'inverse des Nécrophores, elles choisissent des insectes vivants. Une larve ne tarde pas à grandir, qui détruit peu à peu et finit par faire mourir sa nourrice la chenille. Respectons donc ces sortes de mouches au corps grêle et allongé, qui voltigent autour des chenilles : elles cherchent tout simplement des nourrices pour leurs enfants, admirable instinct que fait tourner à notre profit la Nature, si diverse en ses moyens et toujours si merveilleuse dans ses œuvres !

FIN.

## ERRATA.

| | | | | | |
|---|---|---|---|---|---|
| Page 48, | ligne 21, | lisez | (*fig.* 27) | au lieu de | (*fig.* 34). |
| » 64, | » 23, | » | *transversales* | » | *tranversales.* |
| » 108, | » 31, | » | (*fig.* 38) | » | (*fig.* 7). |

# TABLE DES MATIÈRES.

## INTRODUCTION.



## PREMIÈRE PARTIE.

### NOTIONS GÉNÉRALES.

## DEUXIÈME PARTIE.

### CULTURES SPÉCIALES.

# TROISIÈME PARTIE.

## ENNEMIS ET MALADIES DES ARBRES FRUITIERS.

## ANIMAUX UTILES A L'ARBORICULTEUR.

FIN DE LA TABLE.

# Librairie G. MASSON,

## 120, BOULEVARD Sᵗ GERMAIN, PARIS.

---

*Dans les champs*. Lectures pour les écoles rurales, par M. HENRY SAGNIER, rédacteur en chef du Journal de l'Agriculture, 1 vol. in-18, avec 33 figures dans le texte . . . . . . . . . . . . fr. 1-25

*Conseils à la jeune fermière*, par M. P. JOIGNEAUX. Nouvelle édition, 1 vol. gr. in-18, avec figures . . . . . . . . . . . . . . . » 1-00

*Le propriétaire devant sa ferme délaissée*. Conférences données à Bruxelles pendant le mois de décembre 1883, par M. GEORGES VILLE, 2ᵉ édition, 1 vol. in-18, avec figures . . . . . . . . . . . . . . » 2-00

*La culture selon la science*. Échos du champ d'expériences de Vincennes, par M. BLOTTIÈRE, 1 vol. in-18 . . . . . . . . . . . . » 2-00

M. GEORGES VILLE *et la Belgique horticole*. Conférences données à Bruxelles pendant l'année 1874, à la demande de la Société royale centrale d'Agriculture, par M. GEORGES VILLE. Édition publiée par L. DUMONT, agriculteur à Chassart, 1 vol. in-18, avec figures . . . . . . » 2-00

*Les fruits à cultiver*. Leur description, leur culture, par M. JAMIN, pépiniériste, 2ᵉ édition, 1 vol. in-18, avec figures . . . . . . . . » 1-00

*Traité de culture potagère* (petite et grande culture), par M. J. DYBOWSKI, maître de conférences d'horticulture à l'École nationale d'agriculture de Grignon, 1 vol. in-18, avec 114 figures dans le texte . . . . . . » 5-00

*Instruction élémentaire sur la conduite des arbres fruitiers* : Greffe, taille, restauration des arbres mal taillés ou épuisés par la vieillesse. — Culture, récolte et conservation des fruits, par M. A. DU BREUIL, 11ᵉ édition 1 vol. in-18, avec 207 figures . . . . . . . . . . . . » 2-50

*Traité de la culture fruitière commerciale et bourgeoise*, par M. BALTET, horticulteur à Troyes, 1 vol. in-18, avec 350 figures . . . . . . . » 6-00

*L'art de greffer les arbres, arbrisseaux et arbustes fruitiers, forestiers, etc.*, par M. CH. BALTET, horticulteur à Troyes, 4ᵉ édition, entièrement revue et augmentée, comprenant notamment la restauration des arbres et le rétablissement de la vigne par la greffe, 1 vol. in-12, avec 145 fig. » 4-00

*Recettes et procédés utiles*, recueillis par M. GASTON TISSANDIER, rédacteur en chef du Journal *La Nature*, 8ᵉ tirage, 1 vol. in-12 . . . . » 2-25

*Le livre de la ferme et des maisons de campagne*, publié sous la direction de M. P. JOIGNEAUX, par une réunion d'agronomes, 4ᵉ édition entièrement refondue, 2 vol. gr. in-8ᵒ, avec 2690 figures dans le texte . . . . . . » 32-00

*Journal de l'Agriculture de la Ferme et des maisons de campagne*, de l'économie rurale et de l'horticulture, fondé par M. J. A. BARRAL. — Rédacteur en chef, HENRY SAGNIER. — 1866 à 1884. 72 volumes in-8ᵒ . . . » 250-00

— A partir de 1885, chaque année, formant 2 volumes in-8ᵒ . . . . . . » 20-00

Le journal de l'Agriculture paraît tous les samedis en un numéro de 52 pages gr. in-8ᵒ. Il forme par semestre, 1 vol. de 500 à 600 pages avec nombreuses figures dans le texte

PRIX DE L'ABONNEMENT ANNUEL :

Paris et Départements . . . . . . . . . . . . . **20** fr.
Union postale . . . . . . . . . . . . . . . . **22** fr.

www.ingramcontent.com/pod-product-compliance
Lightning Source LLC
LaVergne TN
LVHW012005220826
846092LV00001B/240

* 9 7 8 2 0 1 9 6 8 2 1 5 6 *